Informazioni legali

© 2023
Autore ed editore: M.Eng. Johannes Wild
A94689H39927F
E-mail: 3dtech@gmx.de

L'impronta completa del libro si trova nelle ultime pagine!

Questo lavoro è protetto da copyright

Prefazione

Grazie mille per aver scelto questo libro!

In questo libro creeremo insieme e passo dopo passo alcuni progetti entusiasmanti e fantastici con il microcontrollore Arduino Uno. Come suggerisce il titolo del libro, utilizzeremo il programma <u>gratuito</u> e facile da usare Tinkercad di Autodesk e l'approccio della programmazione a blocchi. Inoltre, in ogni progetto utilizzeremo dei sensori, come un sensore di temperatura o un sensore a ultrasuoni e altri componenti.

Sono un ingegnere (M.Eng.) e vorrei introdurti agli argomenti dell'elettronica, di Arduino e della programmazione a blocchi con Tinkercad in un modo orientato all'applicazione, ludico e con spiegazioni semplici, utilizzando progetti fai da te. Nei primi capitoli di questo libro troverai una breve introduzione o un aggiornamento teorico - a seconda del tuo livello di conoscenza - su Arduino, il programma Tinkercad e l'elettronica in generale, mentre nei capitoli successivi troverai cinque fantastici progetti che realizzeremo insieme passo dopo passo. Qui creeremo questi progetti solo virtualmente nella piattaforma online Tinkercad. Tuttavia, se vuoi, puoi anche costruirli 1:1 con componenti reali nel mondo analogico. Per ogni progetto, riceverai informazioni sui componenti necessari, sulla struttura del rispettivo schema circuitale e sulle singole fasi di creazione del codice del programma utilizzando la programmazione a blocchi.

Non importa che età tu abbia, se vai ancora a scuola, se sei già adulto, se sei uno studente o un pensionato, se sei interessato a uno degli argomenti, sei nel posto giusto!

Questo libro si rivolge sia a chi non ha ancora acquisito alcuna conoscenza, sia a chi ha già una conoscenza di base in uno dei campi: Arduino, Tinkercad ed elettronica.

Indice dei contenuti

1 Ambito di apprendimento

Cosa ti aspetta in questo libro e cosa imparerai

In questa guida troverai cinque progetti entusiasmanti e fantastici che realizzeremo insieme e passo dopo passo. Utilizzeremo il microcontrollore Arduino e il software Tinkercad di Autodesk. Nei primi capitoli ti aspetta un corso accelerato sul software Tinkercad, sull'elettronica e su Arduino. Se non hai conoscenze pregresse, questo ti aiuterà a iniziare, se invece hai già delle conoscenze, puoi vederlo come una sorta di corso di aggiornamento. Se non hai conoscenze pregresse e desideri un'introduzione più dettagliata agli argomenti, puoi anche consultare prima i libri di base sui rispettivi argomenti (vedi le ultime pagine di questo libro).

In breve, questo libro contiene quanto segue:

- Conoscenze di base su Arduino
- Conoscenze di base sull'elettronica generale
- Conoscenze di base sulla sezione "Circuiti" e sul funzionamento generale del programma Tinkercad
- Progetto fai da te 1: regolatore di velocità per motori DC
- Progetto fai da te 2: Rilevatore di movimento con allarme
- Progetto fai da te 3: Controllo dello sterzo per robot giocattolo
- Progetto fai da te 4: Termometro digitale
- Progetto fai da te 5: Misuratore di distanza a ultrasuoni

2 Che cos'è Arduino? I primi passi

In poche parole, Arduino non è altro che un piccolo e semplicissimo mini-PC o microcontrollore in grado di ricevere segnali in ingresso, elaborarli internamente e poi convertirli in segnali di uscita corrispondenti. Un segnale di ingresso può essere, ad esempio, la luce del sole che cade su un sensore. Il segnale di uscita corrispondente potrebbe, ad esempio, controllare un motore (cieco). Esistono diversi modelli di Arduino. Per i nostri progetti in questo libro, abbiamo bisogno solo di Arduino UNO (https://www.arduino.cc/en/main/products).

Come funziona Arduino? Il principio di base di ogni PC è il sistema binario basato sui due numeri "0" (OFF) e "1" (ON). La comunicazione avviene in un PC con combinazioni di questi due numeri. Questo principio viene utilizzato anche in Arduino. I due numeri binari sono qui rappresentati dalle tensioni 5V (valore "1" o "HIGH") e 0V (valore "0" o "LOW").

A ogni pin di una scheda Arduino viene assegnato un numero o una denominazione. Ci sono vari pin digitali e analogici che possono ricevere e inviare segnali. A questi pin puoi collegare sensori o altri componenti, come ad esempio un motore. La scheda funziona con una corrente continua di 5 V. Arduino ha anche un processore che può essere programmato per eseguire i comandi desiderati. Vedremo questo aspetto in modo più dettagliato più avanti nei progetti.

3 Cos'è Tinkercad? I primi passi

Tinkercad è una piattaforma online dell'azienda Autodesk dove puoi realizzare progetti di natura tecnica. Il termine "Tinker" è inglese e significa qualcosa come armeggiare o giocherellare. "CAD" sta per "Computer-Aided Design". Con Tinkercad puoi lavorare su progetti di elettronica, programmare e creare oggetti in 3D. La creazione di oggetti 3D non fa parte di questo libro.

Poiché Tinkercad è un software online, non puoi e non devi scaricare nulla, ma puoi semplicemente lavorare nel tuo browser preferito. Inoltre, Tinkercad può essere utilizzato gratuitamente. In base al suo aspetto, il gruppo target di Tinkercad è costituito principalmente da bambini e ragazzi. A mio parere, però, il programma è molto adatto anche agli adulti, soprattutto se sei un principiante. È proprio questa semplicità che offre molti vantaggi e un rapido successo nella creazione di oggetti 3D o circuiti elettronici.

Tutti i progetti sono archiviati nel cloud, quindi puoi accedervi da qualsiasi luogo con un computer, un cellulare o un tablet tramite internet.

Crea un account e inizia a lavorare

Prima di iniziare a creare i nostri progetti, dobbiamo creare un account sul sito web www.tinkercad.com. Se disponiamo già di un account Autodesk, possiamo utilizzare anche questo per accedere. Altrimenti, possiamo registrarci con un account Google o Apple oppure, in modo del tutto classico, con un indirizzo e-mail.

Non appena abbiamo effettuato il login, la pagina iniziale del nostro account appare in Tinkercad.

4 Circuiti elettronici con Tinkercad

4.1 Creare un circuito elettronico in Tinkercad

Con Tinkercad, come già detto, puoi progettare circuiti elettronici e lavorare con il mini-PC Arduino, ad esempio. In questo capitolo vedremo più da vicino come funziona.

Per progettare circuiti elettronici, dobbiamo trovarci nella sezione "Progetti" della pagina iniziale di Tinkercad.

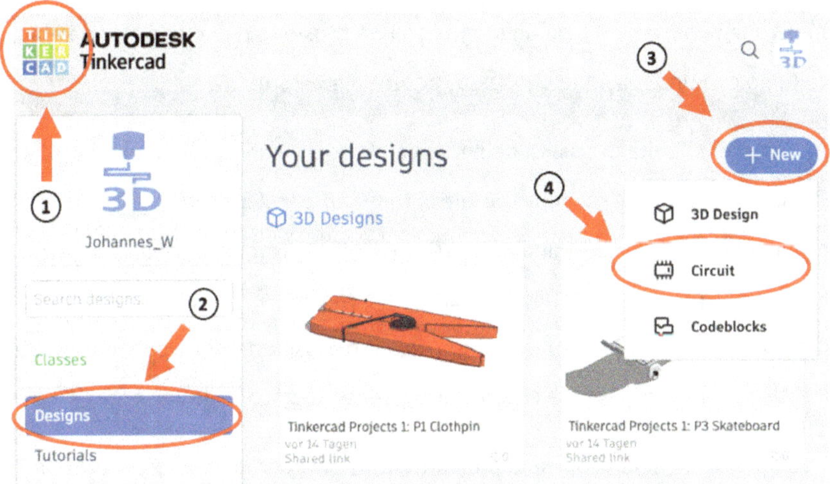

Qui possiamo creare un nuovo circuito con "+ New" e "Circuit". Prima di farlo, però, impareremo alcune informazioni di base su corrente e tensione e ci immergeremo brevemente nel mondo dell'elettrotecnica.

4.2 Conoscenze di base - Fondamenti di elettrotecnica

Prima di tutto un avvertimento: *l'elettricità, in particolare la corrente alternata e le correnti elevate, sono pericolose per la vita. Quindi, se vuoi costruire i tuoi circuiti nella vita reale e non solo sul PC, è meglio che ti faccia aiutare da qualcuno che conosce già bene la materia.*

4.2.1 Elettricità

L'elettricità viene creata dagli elettroni che passano da un luogo con un potenziale più alto (energia più alta) a un luogo con un potenziale più basso (energia più bassa). Puoi immaginarlo relativamente bene utilizzando una cascata. L'acqua (che rappresenta gli elettroni) scorre dal punto superiore della cascata (alto potenziale, alta energia potenziale) al punto inferiore della cascata (basso potenziale, bassa energia potenziale). L'energia potenziale viene convertita in energia cinetica durante questo processo, motivo per cui "perde" questo stato di alta energia (ma in realtà, come ho detto, questa energia viene convertita). Allo stesso modo, l'elettrone vuole passare da un luogo con una tensione più alta (potenziale alto) a un luogo con una tensione più bassa (potenziale basso).

La tensione è l'unità di misura dell'energia elettrica "generata" da una batteria, ad esempio. La batteria o qualsiasi altra fonte di tensione ha due terminali. Un terminale è chiamato terminale negativo e l'altro terminale è chiamato terminale positivo. Al polo positivo, il potenziale di tensione è più alto rispetto al polo negativo. La corrente scorre quindi dal lato positivo (polo positivo) a quello negativo (polo negativo), se si considera il senso tecnico della corrente.

Si può pensare che una batteria o un'altra fonte di generazione di energia funzioni come una pompa. Una batteria, ad esempio, "genera" tensione o energia attraverso una reazione elettrochimica al suo interno (conversione di energia). Questa tensione o energia esce dal polo positivo sotto forma di elettroni (questi elettroni simboleggiano le molecole d'acqua che vengono espulse). Per compensare gli elettroni "persi", la batteria (simile a una pompa di aspirazione) richiama lo stesso numero di elettroni attraverso il polo negativo.

4.2.2 Circuito

Che cos'è un circuito? In parole povere, un circuito è una disposizione di diversi componenti con una connessione elettricamente conduttiva tra questi componenti. Affinché un circuito elettrico funzioni, è necessaria una fonte di energia/sorgente di corrente, ad esempio una batteria, e un'utenza, ad esempio una lampadina, oltre a collegamenti tra questi due componenti, chiamati conduttori. In elettrotecnica, questi componenti sono rappresentati in un circuito elettrico o in un circuito sotto forma di segni simbolici come segue:

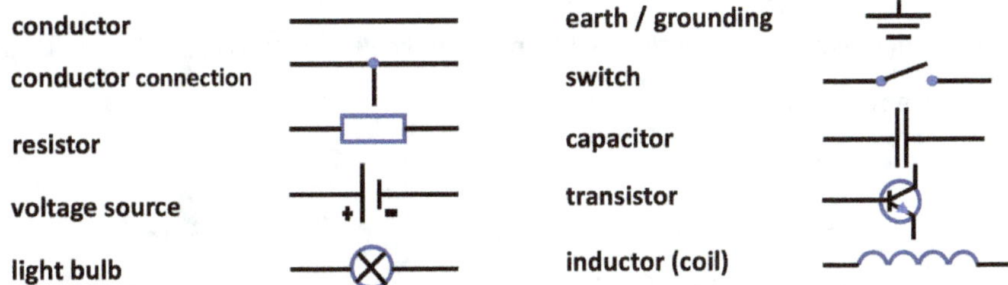

Affinché una lampada, ad esempio, si accenda come mostrato nel seguente schema, il circuito deve essere chiuso, cioè deve esserci un collegamento tra i due poli (+ e -) di una fonte di alimentazione (ad esempio una batteria) e la lampadina. In questo caso, la corrente passa da un polo della fonte di alimentazione (ad esempio la batteria) attraverso la lampadina e torna all'altro polo della fonte di alimentazione. Se questa connessione viene scollegata, ad esempio da un interruttore, la corrente non passa più e la lampada non si accende più.

Uno schema elettrico è il concetto di base di un circuito elettrico che può essere disegnato su un foglio di carta, ad esempio, o creato con il programma informatico Tinkercad.

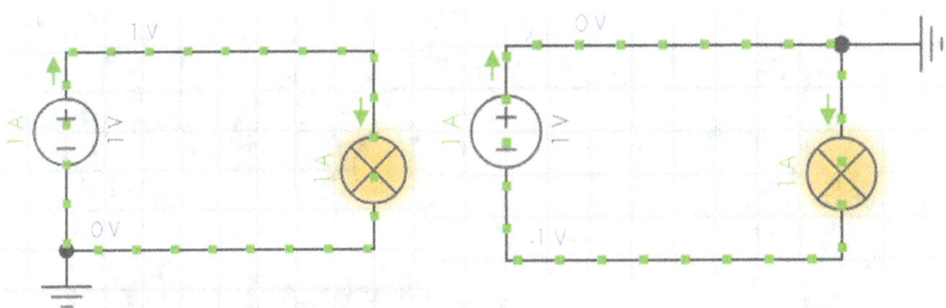

Un simile schema circuitale può anche essere schematico o più descrittivo (vedi figura sotto). Puoi creare questi schemi di circuito, ad esempio per il mini-PC Arduino, in Tinkercad. Come possiamo vedere nell'immagine qui sotto, in questo caso, ad esempio, un LED con una resistenza è collegato a un Arduino Uno tramite cavi colorati. I colori dei fili hanno ciascuno un significato che aiuta a realizzare un cablaggio corretto. In generale, i fili rossi sono utilizzati per il collegamento al polo positivo di una corrente continua e i fili neri per il collegamento al polo negativo di una sorgente di corrente.

4.3 Ambiente di lavoro: "Circuiti"

Ora vediamo come creare circuiti in Tinkercad. Non appena abbiamo creato un nuovo progetto "Circuit", si apre l'area di lavoro per la creazione di circuiti elettrici.

L'area grigia è il nostro livello di lavoro, dove progettiamo i nostri circuiti. Con l'aiuto della rotellina del mouse, puoi utilizzare la funzione di zoom. Puoi anche spostare i componenti tenendo premuto il tasto sinistro del mouse, il tasto destro del mouse o la rotellina del mouse.

Sul lato destro sono presenti tutti i componenti elettronici disponibili, come un LED, un resistore, un interruttore, un condensatore o una batteria. C'è anche una funzione di ricerca e l'opzione di visualizzare altri componenti (passa da "Basic" a "All" nel menu a discesa). Inoltre, puoi passare a un'altra disposizione, la visualizzazione a elenco, con il piccolo simbolo dell'elenco in alto a destra. Provaci e basta. Nella vista dell'elenco puoi anche ottenere una breve descrizione di ogni componente.

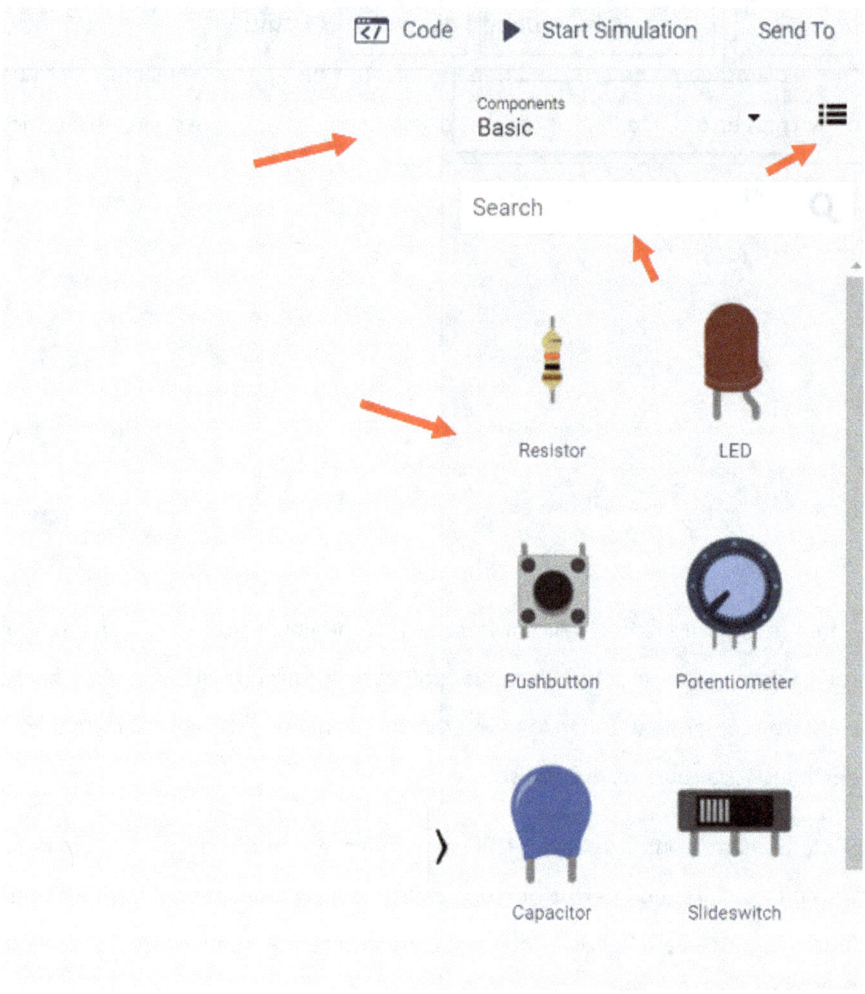

Per aggiungere un componente al tuo circuito, devi solo cliccare su di esso e poi spostarti nell'area di lavoro (a sinistra) con il mouse. Con un altro clic puoi posizionare il componente in qualsiasi posizione. Facciamo questo esempio con un resistore. Non appena lo abbiamo posizionato, si apre una piccola finestra in alto a destra dove possiamo effettuare le impostazioni del componente. Possiamo dargli un nome e, nel caso del resistore, impostare la resistenza, ad esempio 1 kOhm (1000 Ohm). Possiamo aprire questa finestra di impostazioni cliccando sul componente e chiuderla nuovamente cliccando sul livello.

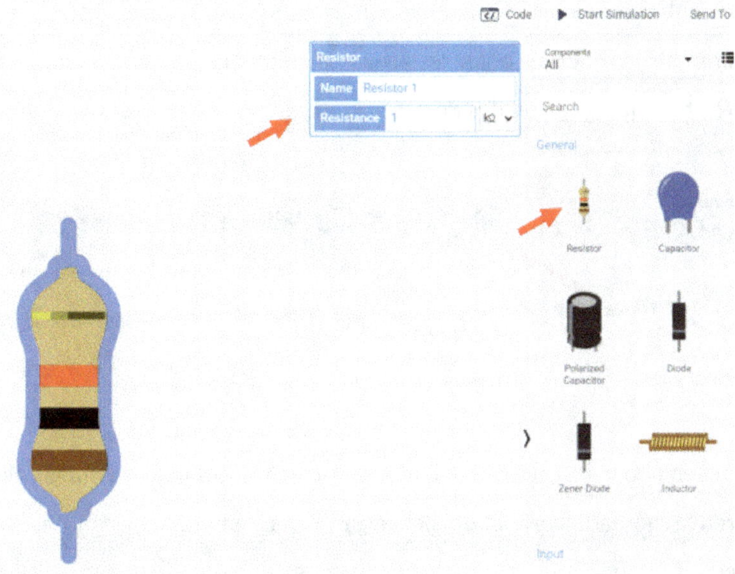

Nell'area in alto a destra, puoi utilizzare il pulsante "Code" per creare o visualizzare un codice di programma non appena hai un componente programmabile, ad esempio un Arduino Mini-PC, nel tuo circuito.

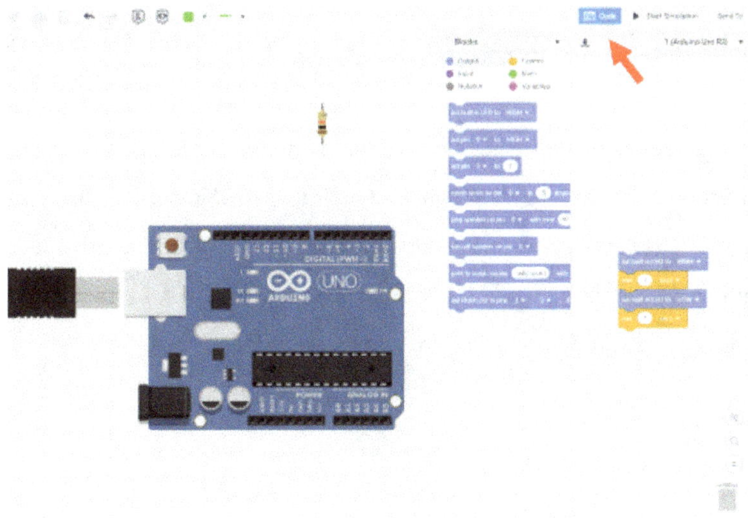

Con il pulsante "Start Simulation", il circuito creato può essere simulato virtualmente, in modo da poter testare in un ambiente sicuro se il funzionamento del circuito funziona come desiderato.

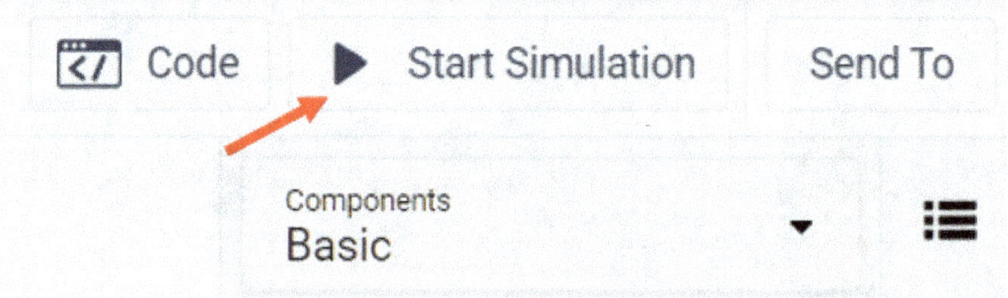

Nell'area in alto a destra ci sono due funzioni molto utili. In primo luogo, cliccando sull'area "Schematic View", puoi convertire il diagramma del circuito illustrato in un vero e proprio diagramma schematico e, in secondo luogo, cliccando su "Component List", puoi generare un elenco di parti.

Super! Ora sappiamo come muoverci nell'ambiente di lavoro e possiamo creare un primo schema di circuito di prova. A tal fine, per prima cosa inseriamo una cosiddetta "breadboard" o una scheda plug-in nel nostro ambiente di lavoro. Lo troviamo nella categoria "Basic" se scorriamo un po' in basso. Basta cliccarci sopra e poi cliccare nell'ambiente di lavoro per posizionarlo.

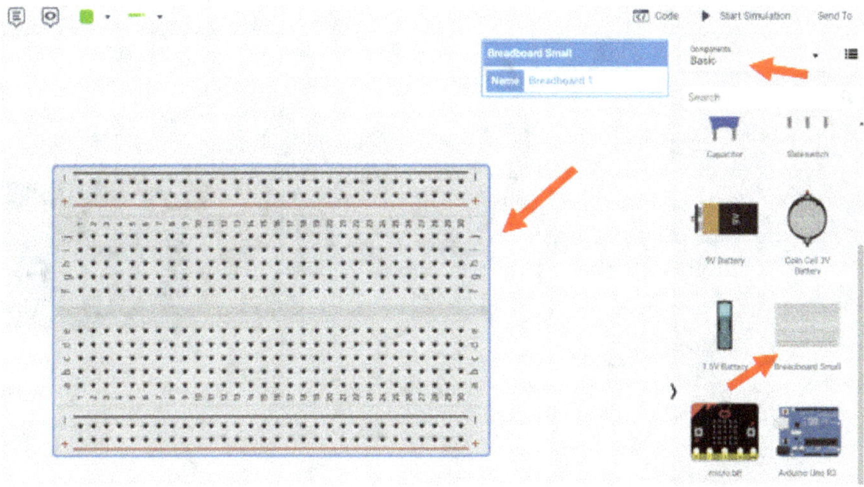

La breadboard è il modo migliore per costruire un circuito quando diventa più complesso o contiene più parti. In una breadboard, c'è un'area per l'alimentazione della breadboard (impronta "+" e "-") e aree con lettere e numeri. I pin in fila (lettere: a-e e f-j) sono collegati conduttivamente tra loro. Ciò significa, ad esempio, che h1 e i1 o h5 e i5 e j5 sono collegati conduttivamente. I componenti e i cavi vengono inseriti nei rispettivi pin e quindi collegati tra loro.

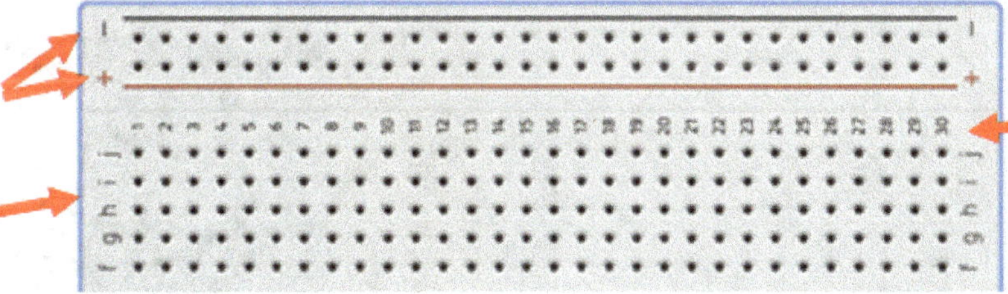

Nel nostro circuito di prova, faremo accendere un LED. Per questo abbiamo bisogno di un LED, di un resistore (1 kOhm) e di una batteria da 9V. Porteremo questi componenti nel nostro ambiente di lavoro.

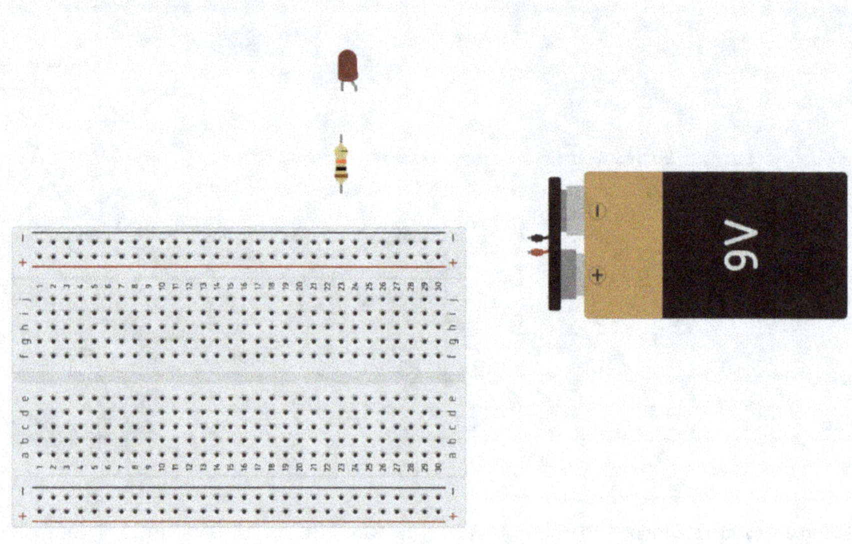

Poi dobbiamo collegare i componenti con i fili. Tuttavia, non troveremo un cavo o un filo nell'area di selezione a destra. Per creare un filo, basta cliccare con il mouse su un polo, ad esempio il polo "+" della batteria. Questo ci permette di disegnare una linea che rappresenta il nostro filo.

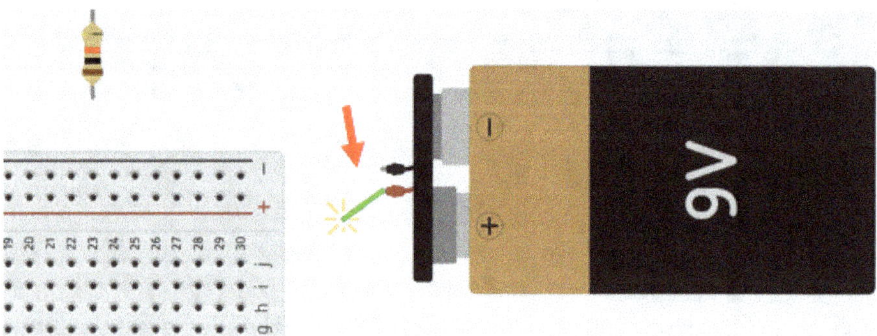

Come secondo punto di connessione per questa linea, selezioniamo uno slot della riga "+" della breadboard ("+" a "+").

Inoltre, possiamo anche dare alla linea di connessione un colore diverso, ad esempio rosso (per "+"). Facciamo lo stesso con il polo negativo della batteria. Colleghiamolo al polo negativo della breadboard e scegliamo il colore nero per questa linea "-". Ora la nostra breadboard è alimentata.

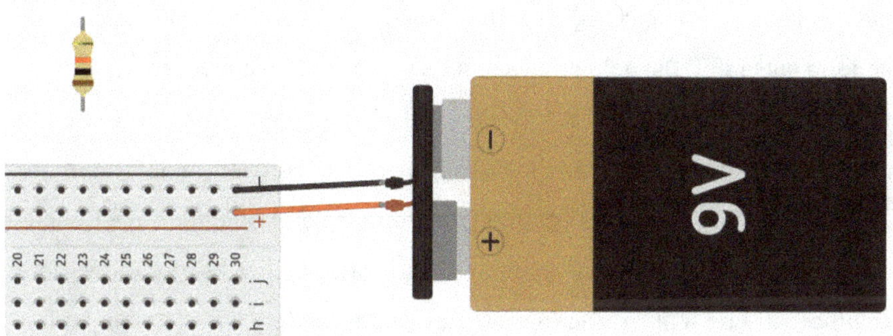

Se facciamo clic sul LED, possiamo determinare il colore del LED nel passaggio successivo. Ad esempio, nel nostro circuito non vogliamo un LED rosso ma uno verde.

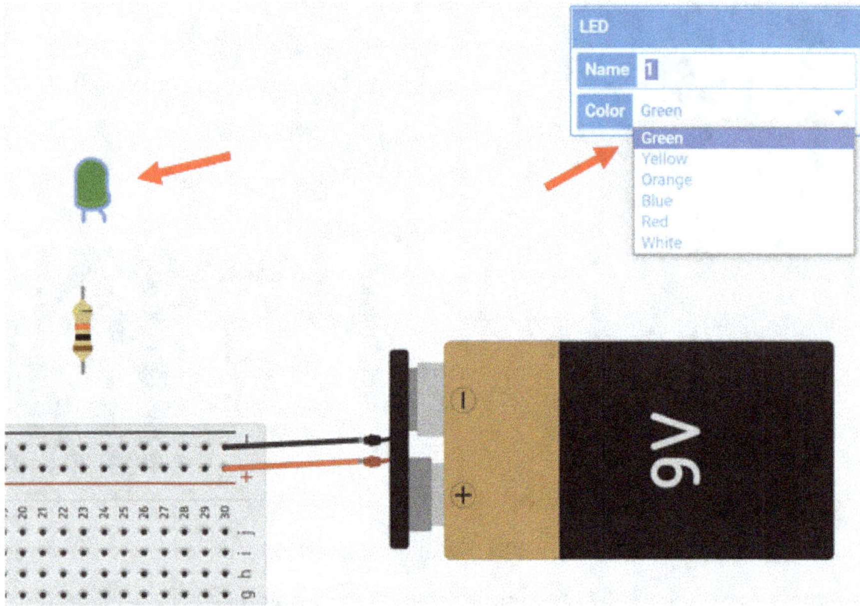

Ora possiamo collegare il resistore e il LED. La parte diritta del LED (qui a sinistra) rappresenta il catodo, cioè il polo negativo del LED. Lo colleghiamo a un lato del resistore - non importa quale lato del resistore. Dal resistore, colleghiamo un altro filo alla linea con il polo negativo della breadboard - anche in questo caso, non importa quale slot. Dal polo positivo del LED, il cosiddetto anodo, colleghiamo poi un'altra linea alla linea con il polo positivo della breadboard - anche in questo caso, non importa quale slot. Se scambiamo i due poli, il LED non si accenderà più, perché il LED è un diodo che lascia passare la corrente solo in una direzione. Quindi il collegamento corretto è essenziale in questo caso. Inoltre, è meglio scegliere i colori corretti per i fili "-" (nero) e "+" (rosso) per rendere il circuito più facile da capire.

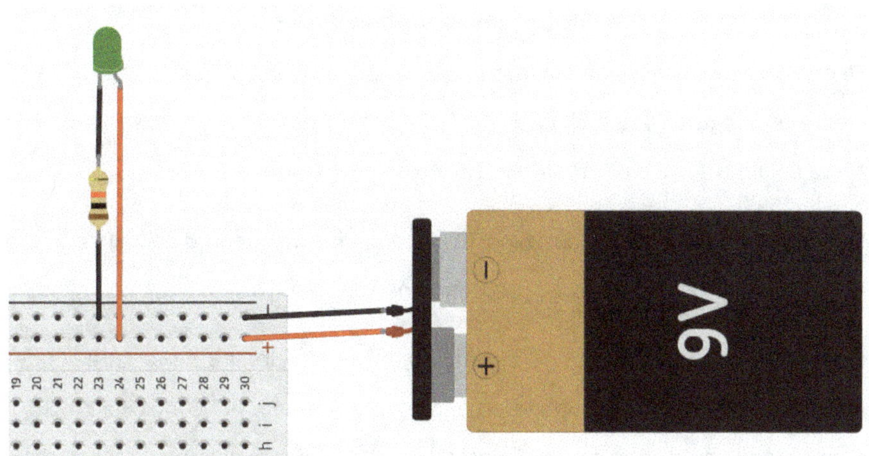

Ora abbiamo collegato il LED. In realtà, si accenderebbe immediatamente. In Tinkercad dobbiamo cliccare su "Start Simulation". Se abbiamo collegato tutto correttamente, il LED si accende. Fantastico! Il primo circuito elettronico funziona. Con "Stop Simulation" possiamo interrompere la simulazione del circuito.

A questo punto puoi anche scambiare i poli in Tinkercad e verificare se il LED è ancora acceso quando avvii la simulazione.

4.4 Programmazione con Tinkercad

Se non conosci il linguaggio di programmazione di Arduino, in questo caso il "C++", creare un progetto di elettronica con Arduino può essere un po' difficile. È bello avere un'alternativa più semplice in Tinkercad.

Possiamo programmare a blocchi in Tinkercad. Il funzionamento è simile a quello dei blocchi da costruzione che si mettono uno sopra l'altro.

Per iniziare la programmazione di Arduino, basta selezionare il pulsante "Code" nella barra delle funzioni superiore del progetto Arduino. Poi controlliamo che il menu a tendina sia impostato su "Blocks". A destra si aprirà un'area di lavoro, dove si svolgerà la programmazione a blocchi.

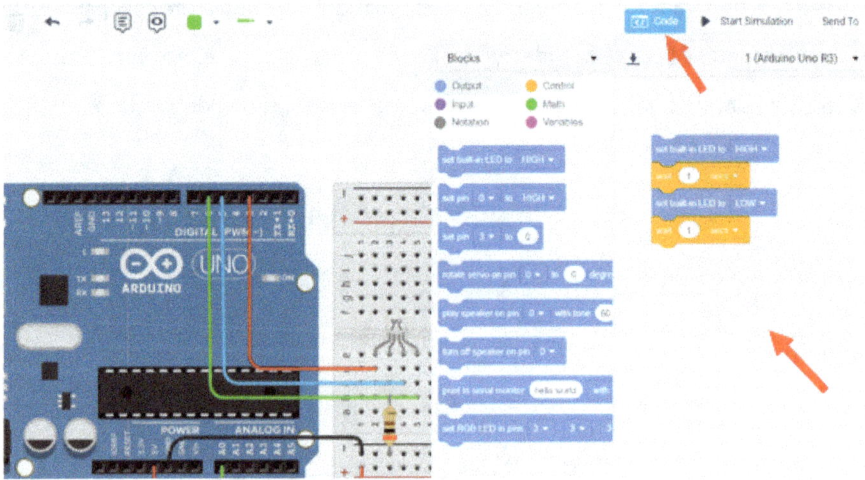

Come possiamo vedere, nell'area in alto a sinistra ci sono diverse categorie con colori diversi, tra le quali puoi cliccare. Nell'area in basso a sinistra troverai i blocchi delle singole categorie. A destra c'è il nostro spazio di lavoro, che contiene già due blocchi campione blu e due arancioni.

Nell'area superiore, sul lato sinistro, c'è un altro menu di selezione estremamente ingegnoso, in quanto possiamo utilizzarlo per passare dal testo ai blocchi. Con l'opzione "Blocks + Text", possiamo far visualizzare il codice del programma come testo a destra dei blocchi. Questo significa che non dobbiamo scrivere alcun codice di programma, ma che il programma lo genera automaticamente grazie alla nostra programmazione a blocchi. Questo è estremamente utile per i principianti della programmazione. Ottima funzione!

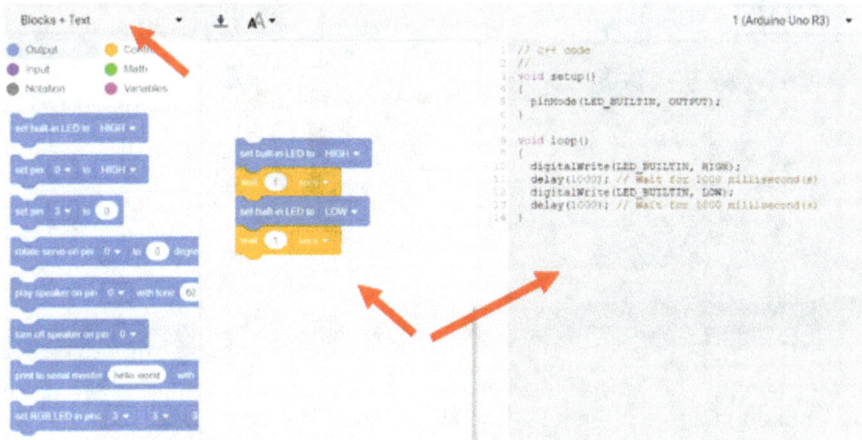

Se vuoi, puoi attivare questa vista e confrontare riga per riga il modo in cui la rispettiva istruzione creata come blocco viene convertita in un codice di programma. Per una migliore visione d'insieme, tuttavia, qui mostrerò solo i blocchi. Per il momento non abbiamo bisogno dei blocchi blu e arancione già esistenti per i nostri progetti, quindi possiamo eliminarli. Per farlo, trasciniamoli nel cestino in basso a destra oppure clicchiamo su di essi con il tasto sinistro del mouse e selezioniamo "Delete Block".

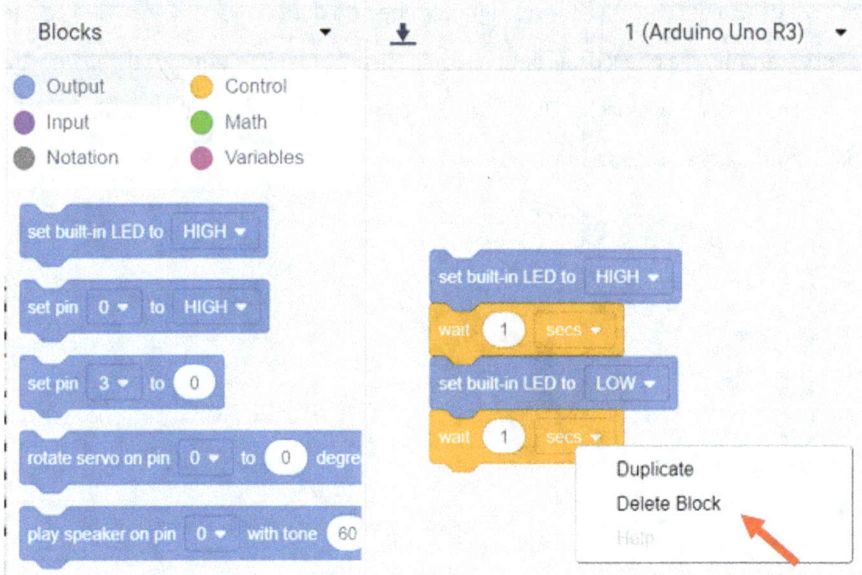

Nella barra in alto è presente anche la funzione "Download Code", con la quale possiamo scaricare il codice del programma per trasferirlo su un Arduino reale. Sul lato destro, c'è un altro menu "Select Device", con il quale possiamo selezionare l'Arduino che vogliamo programmare. Tuttavia, questo è rilevante solo se abbiamo creato diversi Arduino o altri microcontrollori nel nostro progetto.

Fantastico! Ora abbiamo acquisito alcune conoscenze di base su Arduino, Tinkercad e l'elettronica in generale. Nel prossimo capitolo inizieremo con i progetti fai da te. Andiamo!

5 Progetto 1 | Regolatore di velocità per motori DC

In questo progetto parleremo di come controllare la velocità di un motore DC utilizzando un potenziometro (resistenza variabile).

5.1 Componenti necessari

1 **Arduino Uno**

1 **motore DC**

1 **potenziometro (10 kOhm)**

1 **display multimetro**

Note sul motore DC:

Partiamo dal presupposto che il motore DC disponibile in Tinkercad è un motore DC a magnete permanente. Ciò significa che il campo magnetico necessario per il movimento è generato da un magnete permanente e quindi ha un valore fisso. La velocità di un motore DC di questo tipo è direttamente proporzionale alla tensione di armatura. Per inciso, il rotore del motore viene chiamato "indotto". La tensione di armatura è quindi semplicemente la tensione applicata al motore o al rotore. Per modificare la velocità o la velocità di rotazione del motore, la tensione di armatura è l'unico parametro variabile disponibile.

Note sul potenziometro (10 kOhm):

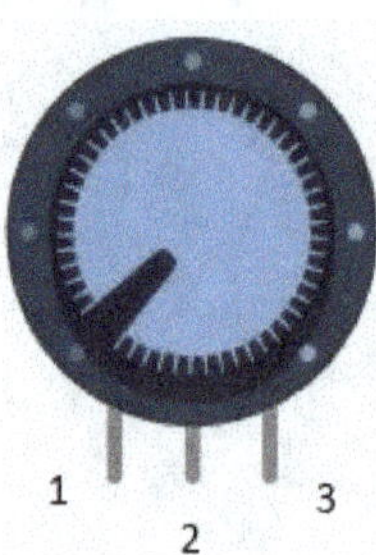

Che cos'è un potenziometro? Un potenziometro è semplicemente un resistore variabile con tre connessioni. Ha un valore di resistenza fisso tra i pin 1 e 3. Le resistenze tra i pin 1 e 2 o tra i pin 2 e 3, invece, possono essere variate utilizzando il comando rotativo. Puoi quindi controllare la resistenza e quindi il flusso di corrente e anche la velocità del motore.

Per il progetto che stiamo per illustrare, utilizzeremo un pin di ingresso analogico e un pin di uscita analogico della scheda di sviluppo. Sulla scheda Arduino UNO ci sono sei pin di ingresso analogici (da A0 a A5) e sei pin di uscita PWM (3, 5, 6, 9, 10 e 11). I pin di uscita PWM sono contrassegnati da una piccola linea curva davanti al numero del pin.

5.2 La progettazione dello schema circuitale

Nella prima fase, disegneremo lo schema del nostro circuito e collegheremo i componenti discussi in Tinkercad utilizzando dei fili. Per farlo, consideriamo prima un diagramma schematico che ci mostra la struttura del nostro circuito in modo astratto. Nell'immagine vediamo che il potenziometro si chiama "RPOT1" **(5)** e il pin centrale di "RPOT1" è collegato all'ingresso analogico A5 di Arduino "U1" **(2)**. Il polo positivo del motore "M1" **(3)** deve essere collegato al pin di uscita D3 (pin PWM) della scheda Arduino, mentre il polo negativo del motore è collegato alla massa "U1_GND" **(4)**.

I collegamenti di "U1_5V" **(1)** e "U1_GND" **(4)** vengono realizzati automaticamente da Tinkercad non appena abbiamo costruito il circuito con i componenti. Quindi non devi preoccuparti di queste connessioni.

A proposito, puoi visualizzare lo schema del circuito in Tinkercad passando alla visualizzazione schematica dopo aver collegato i componenti alla scheda Arduino. Questo è il prossimo passo che faremo.

Schema del circuito:

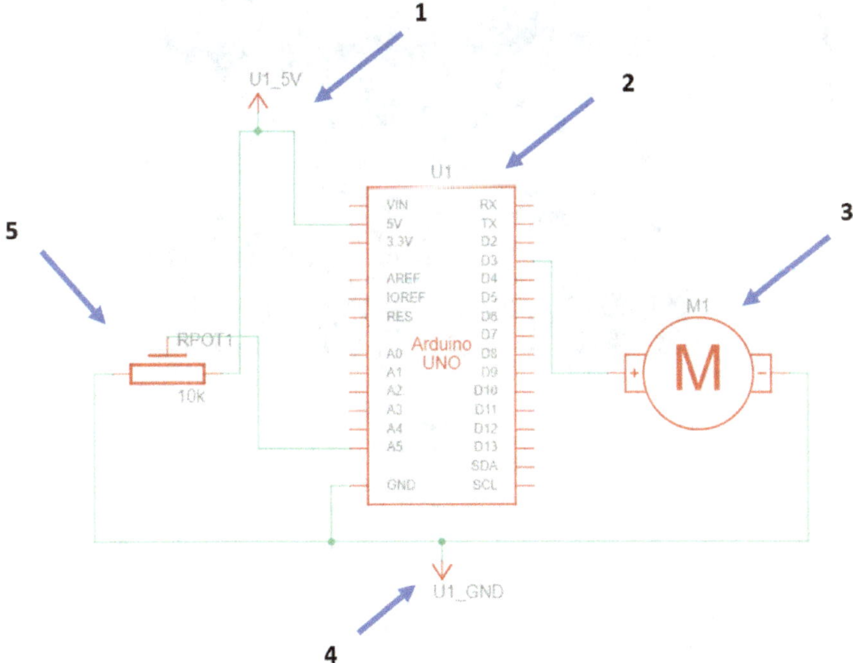

Ora puoi aggiungere la scheda Arduino Uno tra i componenti disponibili in Tinkercad e poi aggiungere il potenziometro, il motore e il display del multimetro uno dopo l'altro e cablarli secondo lo schema del circuito come di consueto. È meglio utilizzare i colori dei cavi come mostrato nell'immagine seguente per evitare malintesi (ad esempio, il rosso per il positivo, il nero per la massa, ecc.) Dovresti ottenere il seguente risultato:

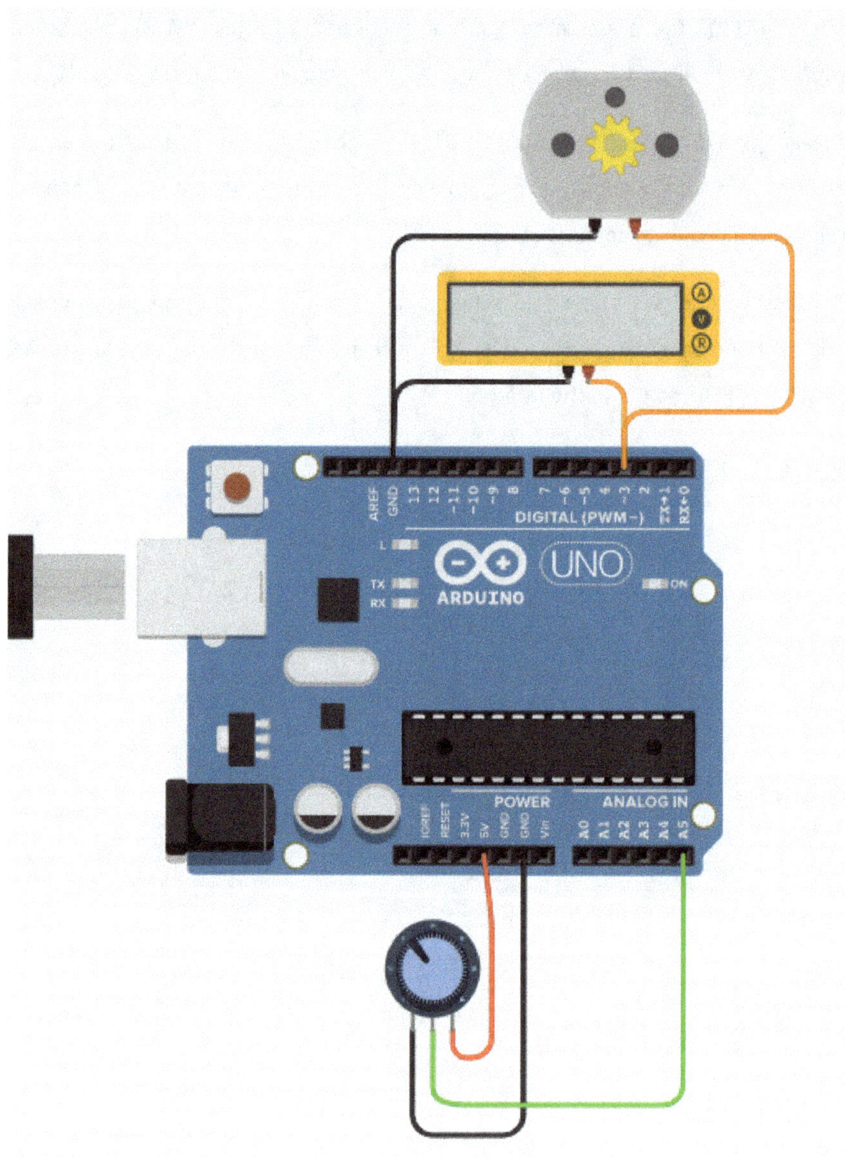

A proposito, il multimetro deve essere utilizzato per osservare le variazioni di tensione in base alla posizione del potenziometro, indipendentemente dalla velocità del motore CC.

5.3 Sviluppo del codice del programma

Dopo aver cablato con successo il nostro progetto elettronico, il passo successivo è quello di eseguire la programmazione necessaria. A questo scopo utilizziamo la programmazione a blocchi di Tinkercad.

Passo 1:

Per maggiore chiarezza, inseriamo un commento all'inizio del codice nel primo passo. Puoi trovare il commento in Tinkercad nella sezione "Notation".

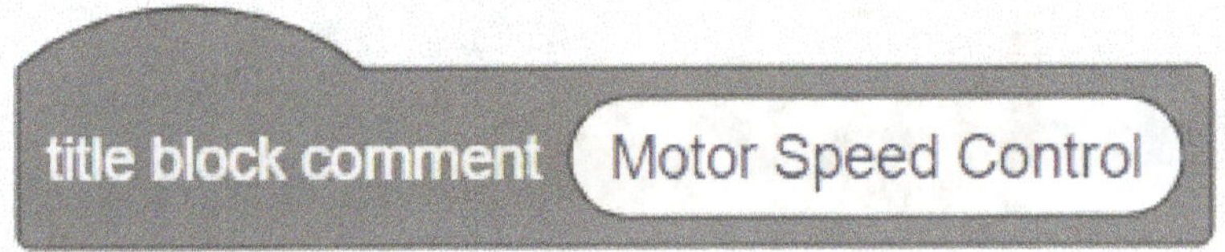

Questo commento serve solo all'utente stesso o a un altro programmatore per avere un'idea di base del codice.

Passo 2:

Nel secondo passo, aggiungiamo un blocco chiamato "on start", che si trova nella sezione "Control" di Tinkercad. Questo blocco è simile alla sezione "Setup" di un semplice codice Arduino.

Il blocco viene utilizzato per eseguire una determinata riga di codice solo una volta all'inizio del programma. Prima di pensare a quale blocco inserire qui, aggiungiamo il blocco di controllo successivo e l'ultimo nel passaggio 3, in modo da avere già i segnaposto per la struttura generale del programma.

Passo 3:

In questo passaggio scegliamo un blocco "forever". È simile alla sezione "loop" di un semplice codice Arduino.

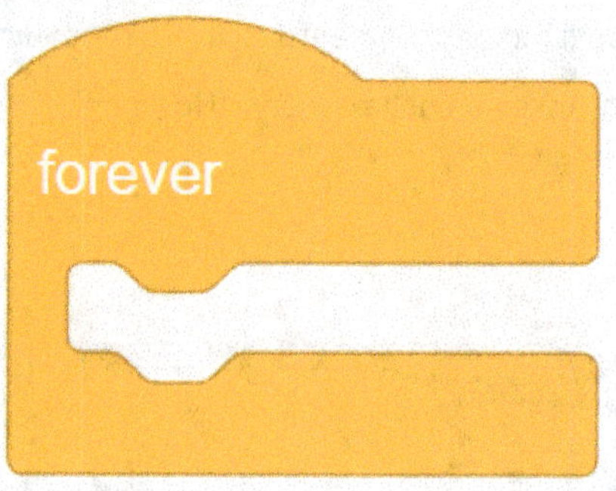

In questo blocco inseriremo i comandi che verranno eseguiti in modo permanente non appena il programma sarà avviato.

Con i passi fatti finora, il tuo blocco di codice dovrebbe assomigliare a quello mostrato qui sotto. Questa è la struttura di base dei nostri programmi Arduino nella vista a blocchi di Tinkercad. Puoi utilizzare questa struttura anche negli esempi futuri.

Passo 4:

Per il nostro primo progetto, dobbiamo dichiarare una variabile che deve memorizzare il valore letto al pin di ingresso analogico A5. Il nostro potenziometro è collegato al pin A5. Per farlo, creiamo una variabile nell'area "Variables" (in rosa) con "Create variable..." e assegniamo un nome adeguato, ad esempio "VR_Val". Puoi anche scegliere un nome diverso, ma dovrai fare attenzione a non confonderti in seguito. Non appena la variabile viene creata, Tinkercad ti mostrerà i seguenti tre blocchi tra cui scegliere. Possiamo utilizzare questi tre blocchi nel nostro codice a seconda delle necessità.

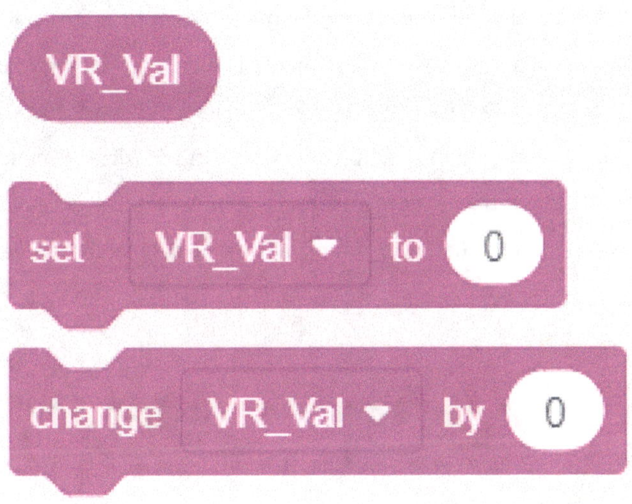

Passo 5:

Ora tutto il lavoro preliminare necessario è terminato e possiamo iniziare la programmazione vera e propria del programma da questa fase. Per fare ciò, dovremo innanzitutto impostare la variabile "VR_Val" a zero all'avvio del programma. Per farlo, inseriamo il blocco "set ... to ..." nell'area "Variables" (vedi passo 4 e immagine seguente) nel blocco "on start" (vedi passo 2 e immagine seguente).

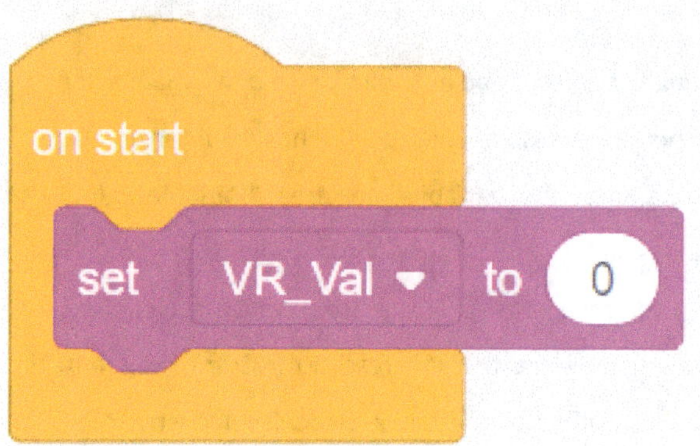

Passo 6:

Abbiamo quindi bisogno di un blocco di programma che legga la tensione variabile e analogica presente sul pin A5 di Arduino (connessione del potenziometro) e la mappi nell'intervallo compreso tra 0 (segnale 0V) e 255 (segnale 5V). Il blocco di programma deve essere progettato in modo che il processo descritto funzioni in modo continuo, poiché il valore della variabile deve essere aggiornato in tempo reale. Pertanto, dobbiamo implementare il blocco programma all'interno del blocco "forever".

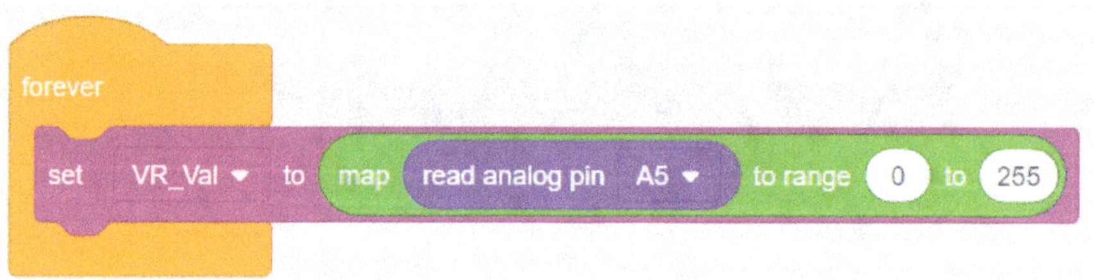

Nella figura si può notare che il blocco principale implementato all'interno del blocco "forever" è una combinazione di tre blocchi. Questi tre blocchi si trovano in Tinkercad nelle aree "Variables" (rosa), "Math" (verde) e "Input" (viola).

Il blocco fa sì che il pin analogico A5 copra un intervallo da 0 a 255, venga letto continuamente e il valore letto venga memorizzato o aggiornato continuamente nella variabile "VR_Val".

Passo 7:

Ora abbiamo bisogno di un blocco di programma che emetta una tensione attraverso il pin 3 di Arduino (dove è collegato il motore), che dipende dal valore precedentemente memorizzato nella variabile "VR_Val". Dobbiamo anche inserire questo blocco di programma nel blocco "forever", cioè direttamente sotto la riga precedente, perché anche la velocità del motore deve essere aggiornata in tempo reale con la posizione del potenziometro.

Per farlo, utilizza il blocco "set pin" dall'area "Output". In questo modo determiniamo che il valore della variabile "VR_Val" deve essere passato al pin 3.

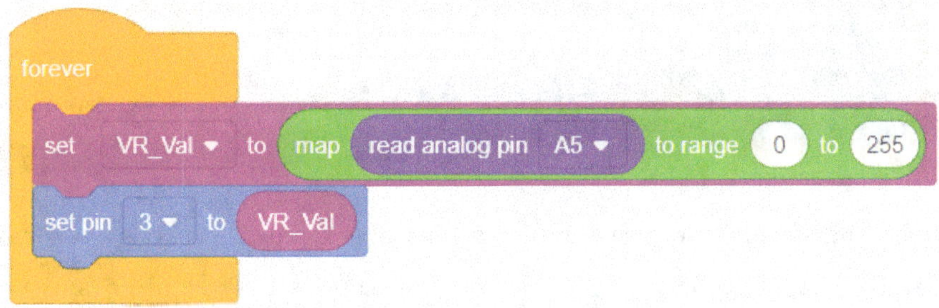

Passo 8:

Ora abbiamo già implementato i requisiti di base. Per poter controllare il valore della variabile "VR_Val" nella finestra del monitor seriale, creiamo un altro blocco di codice. Utilizziamo il blocco "print to serial monitor" dalla categoria "Output" e impostiamo i parametri come mostrato nell'immagine.

Ora il tuo codice completo dovrebbe assomigliare a questo:

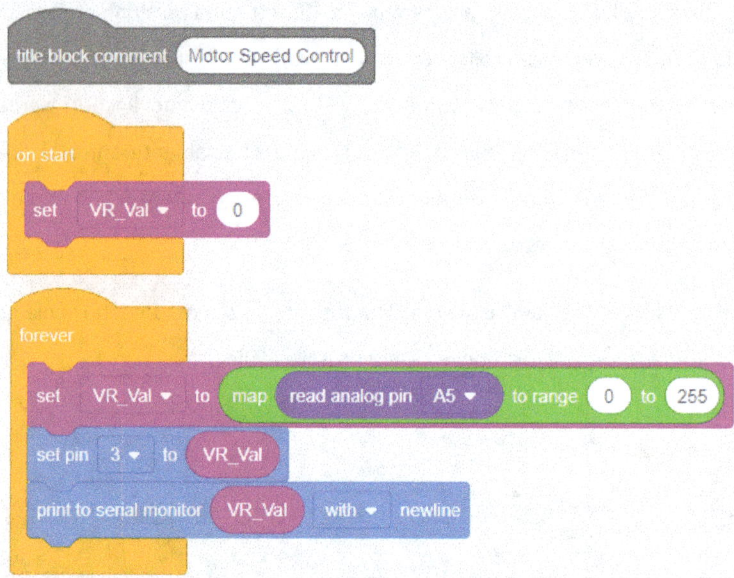

Ora è il momento di provare virtualmente il circuito e la programmazione e verificare cosa succede. Basta ruotare il potenziometro con il mouse. Ora dovresti vedere come cambiano sia la tensione visualizzata che la velocità del motore.

Inoltre, puoi aprire il monitor seriale di Arduino in Tinkercad nell'area di programmazione dei blocchi nella barra inferiore e osservare la variazione del valore della variabile "VR_Val" durante il processo.

Serial Monitor

178
178
178
178
178
178
178
178

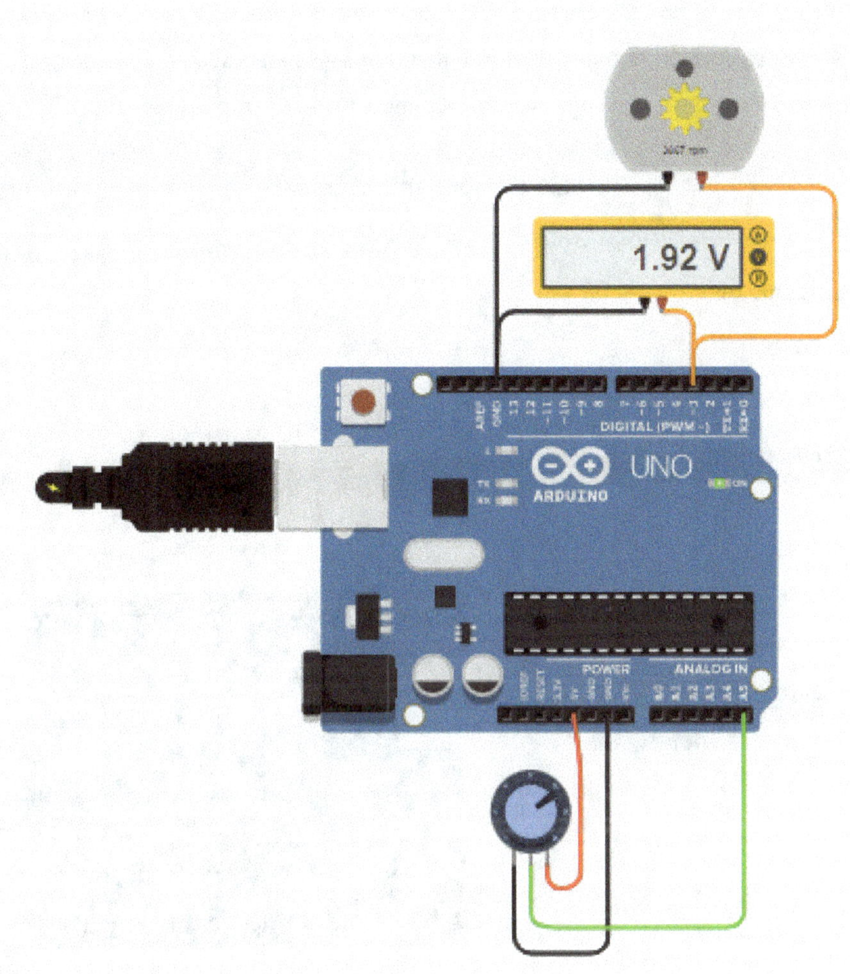

1.92 V
DIGITAL (PWM ~)
UNO
ARDUINO
POWER
ANALOG IN

6 Progetto 2 | Rilevatore di movimento con allarme

In questo progetto collegheremo un sensore di movimento, un LED e un altoparlante piezoelettrico a un Arduino. Il piezo emette un segnale acustico e il LED lampeggia quando viene rilevato un movimento nel campo di rilevamento del sensore.

6.1 Componenti necessari

1 Arduino Uno

1 LED (blu)

1 altoparlante piezoelettrico

1 sensore PIR (rilevatore di movimento)

Informazioni sul sensore PIR:

Un sensore PIR ("Pyroelectric Infrared Sensor" o anche "Passive Infrared Sensor") è un dispositivo a semiconduttore in grado di rilevare i movimenti. In realtà, il sensore rileva le variazioni di temperatura, che a loro volta si traducono in variazioni di tensione. Quando viene rilevato un essere vivente (calore corporeo) o un'altra fonte di calore all'interno dell'intervallo di rilevamento, il sensore fornisce un segnale digitale "HIGH" (5V). Vedremo tra poco come utilizzare le tre connessioni con lo schema del circuito.

Informazioni sull'altoparlante piezoelettrico:

Un altoparlante piezoelettrico è una sottile piastra realizzata con una combinazione di metallo e ceramica in grado di generare vibrazioni quando viene applicata una tensione continua tra i due terminali (+ e -). Le vibrazioni vengono quindi percepite come un tono con una certa frequenza.

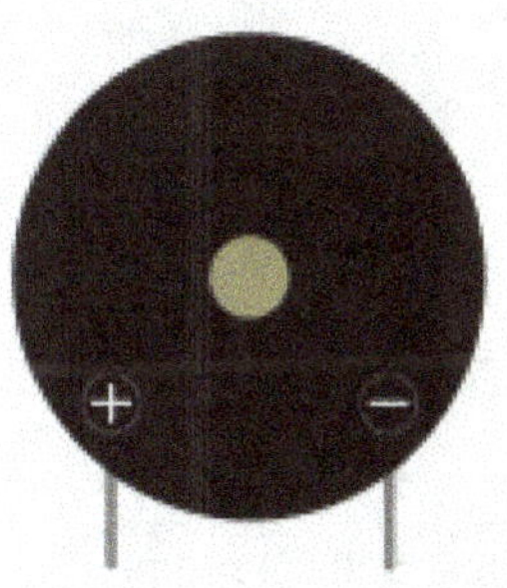

6.2 La bozza di schema elettrico

Nella prima fase, disegneremo nuovamente lo schema del circuito del nostro progetto e poi collegheremo i componenti discussi in Tinkercad utilizzando dei fili. Per fare questo, per prima cosa guarderemo di nuovo lo schema del circuito in modo da capire la struttura del circuito.

Nell'immagine vediamo che il sensore PIR etichettato "PIR1" **(1)** è composto da tre pin, ovvero "VCC", "GND" e "OUT". Di questi, "VCC" (+) e "GND" (-) sono i collegamenti di alimentazione che devono essere collegati alla tensione di 5 V DC di Arduino UNO **(2)**. Il pin del segnale del rilevatore di movimento, contrassegnato da "OUT", deve essere collegato al pin di ingresso digitale 2 di Arduino. Il pin "OUT" fornisce quindi il segnale di 5 V all'ingresso di Arduino quando viene rilevato un movimento. Infine, i collegamenti positivi dell'altoparlante piezoelettrico **(4)** e del LED **(3)** devono essere collegati al pin digitale D3 di Arduino UNO e i collegamenti negativi devono essere collegati alla massa "GND".

Schema del circuito:

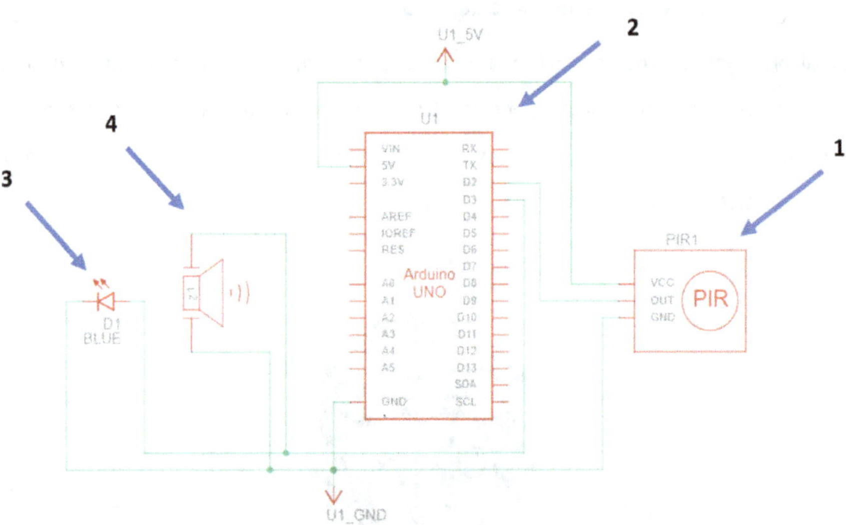

Sulla base dello schema del circuito di cui sopra, devi costruire il seguente circuito in Tinkercad in modalità circuito. Come vedrai dal circuito, per realizzarlo ho utilizzato una breadboard per rendere il circuito più chiaro. Per i circuiti complessi, dovresti sempre utilizzare una o addirittura due breadboard.

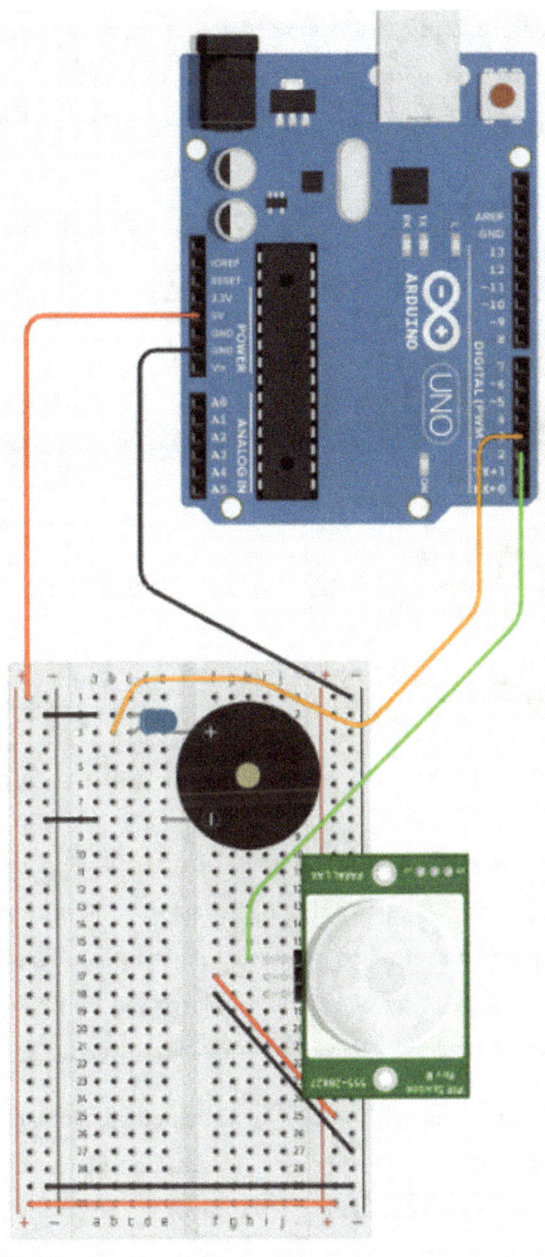

6.3 Sviluppo del codice del programma

Passo 1:

Come già accennato, puoi eseguire le prime tre fasi del progetto 1 allo stesso modo per ogni progetto, poiché rappresentano una sorta di struttura di base per ogni programma. Il tuo blocco di programma dovrebbe assomigliare a quello mostrato qui:

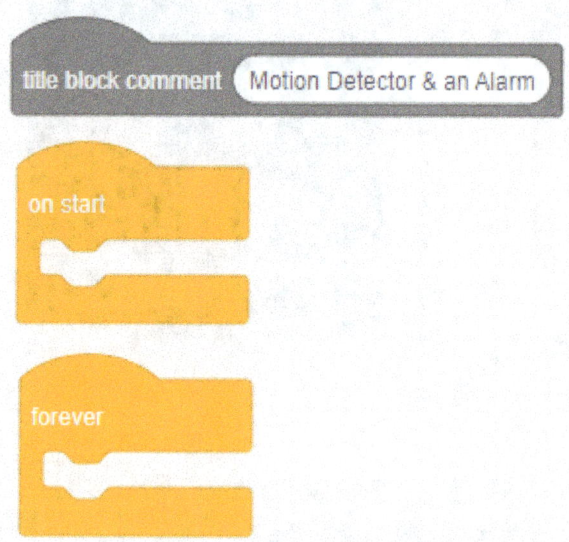

Passo 2:

Nella fase successiva, simile a quella del primo progetto, devi prima implementare il comando richiesto che deve essere eseguito solo una volta all'inizio del programma. In realtà, però, in questo progetto non c'è nessun comando che vogliamo eseguire solo all'inizio. Ciò significa che l'area all'interno del blocco **"on start"** può essere lasciata libera, in quanto non è necessario dichiarare o inizializzare nulla.

Con il blocco principale **"forever"**, invece, implementeremo alcuni comandi annidati. Per quanto riguarda la procedura, pensiamo innanzitutto a ciò che vogliamo ottenere. Il nostro obiettivo è quello di sviluppare il programma in modo che attivi un allarme sonoro e accenda un LED quando viene rilevato un movimento nel raggio di rilevamento del sensore PIR.

Dato questo requisito, possiamo innanzitutto implementare un blocco "Repeat" (categoria arancione: "Control") all'interno del blocco "Forever" per imitare un ciclo "While". Questo potrebbe essere utilizzato in un linguaggio di programmazione basato sul testo per eseguire un comando a patto che si verifichi una determinata situazione. Ci sono due tipi di blocchi "repeat" in Tinkercad. Qui abbiamo bisogno del blocco con le opzioni "while" e "until".

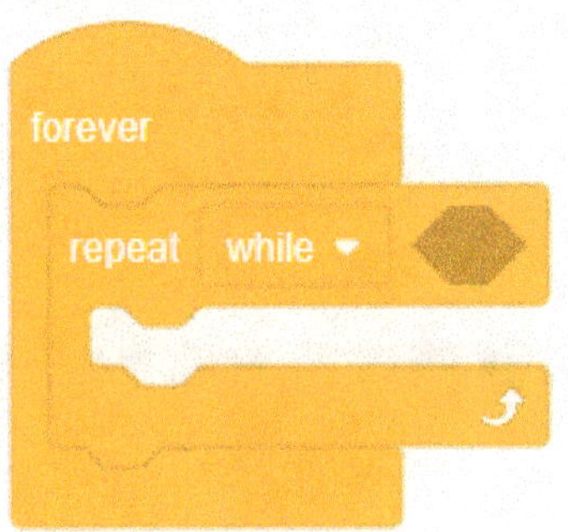

Passo 3:

Il passo successivo consiste nel completare il campo esagonale vuoto del blocco "repeat ... while ...". in modo che il comando che aggiungiamo al blocco nel passaggio successivo si ripeta fino a quando non viene soddisfatta una determinata condizione. Per completare la frase condizionale, aggiungi un blocco di confronto, che puoi trovare nella categoria Math (verde) di Tinkercad. Quindi trascina il blocco nell'apposito spazio.

Passo 4:

Nella fase successiva devi definire i due parametri che vuoi confrontare. Devi anche definire il tipo di confronto all'interno del blocco "repeat". Tutti i comandi che inseriremo nei passi successivi all'interno di questo blocco dovranno essere eseguiti solo se viene rilevato un movimento all'interno del campo di rilevamento del sensore PIR. Ciò significa che dobbiamo far leggere il segnale del sensore PIR applicato al pin digitale 2 di Arduino e verificare se questo segnale corrisponde allo stato di 5V (segnale digitale LOW; il rilevatore di movimento rileva un movimento). Perché scriviamo un "1" qui? Come ricorderai, nel contesto di Arduino e del sistema binario, il numero "1" indica questo segnale a 5V (segnale HIGH). Con un segnale a 0V (segnale HIGH) useremo uno "0".

Passo 5:

Il passo successivo consiste nel creare i comandi che generano un segnale acustico quando il sensore PIR rileva un movimento. Con un altoparlante piezoelettrico, per produrre un tono è necessario generare una catena continua di impulsi di tensione con una frequenza più elevata. Ad esempio, possiamo mappare il suono come una serie di bip, con brevi pause. Per questo abbiamo bisogno di blocchi della categoria "Control" (arancione) e "Output" (blu). La implementazione avverrà nel modo seguente.

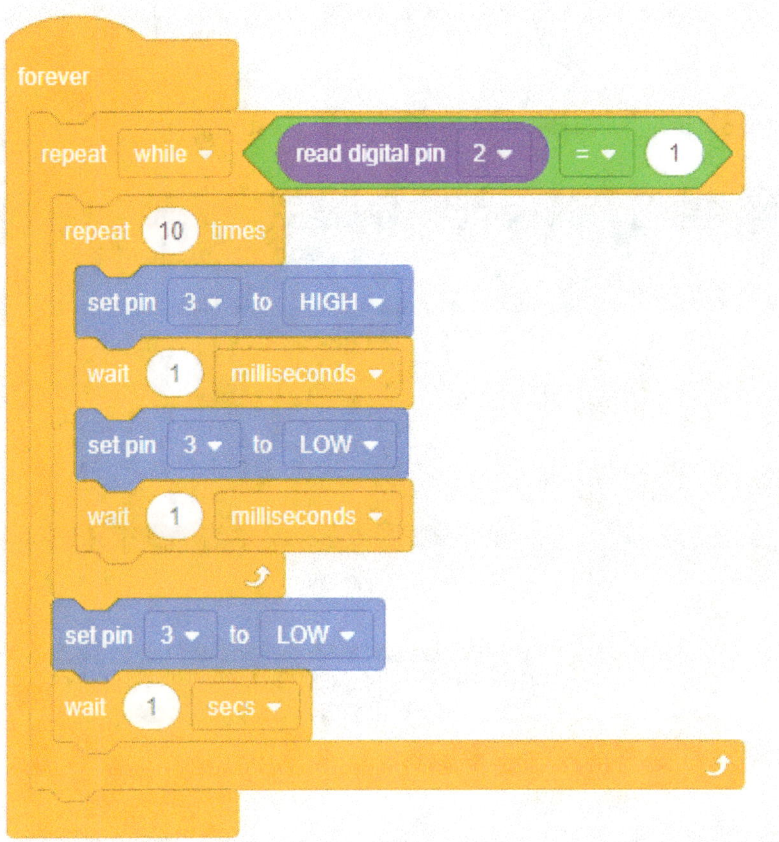

Come puoi vedere, nel nostro codice di programma ci sono ritardi di millisecondi e ritardi di secondi. Il ritardo di un millisecondo assicura che la piastra piezoelettrica riceva un impulso continuo, mentre il secondo ritardo assicura che il segnale acustico si interrompa brevemente. Quindi il suono che la piastra piezoelettrica emette quando viene rilevato un movimento suona come "beep-beep-beep...". Per capire meglio questo aspetto, è consigliabile impostare i singoli ritardi passo dopo passo e osservare i cambiamenti nell'uscita.

Inoltre, il LED viene alimentato secondo lo stesso schema, poiché è collegato allo stesso terminale. Tuttavia, il primo comando "LOW", cioè lo spegnimento, ha una durata molto breve e non viene percepito a occhio nudo. Quindi vediamo che il LED si accende solo se viene rilevato un movimento, poi si spegne per un secondo e si accende di nuovo. Questo processo continua fino a quando non viene rilevato più alcun movimento.

Il tuo blocco di programma completo dovrebbe avere questo aspetto:

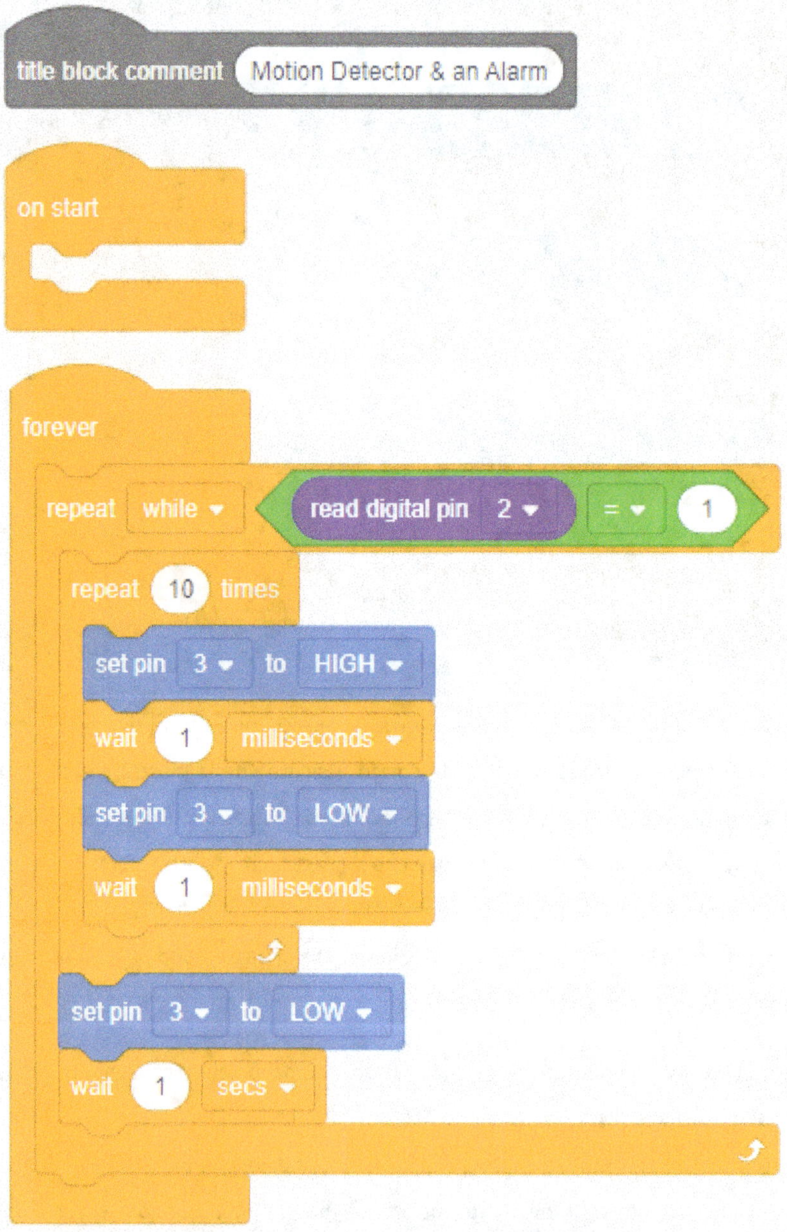

7 Progetto 3 | Controllo dello sterzo per robot giocattolo

In questo progetto creeremo un meccanismo di guida per un robot. Il robot è disponibile qui, ad esempio: https://www.amazon.com/dp/B01LXY7CM3/

Se apri il sito web e dai un'occhiata, puoi vedere che la ruota anteriore, più piccola, può ruotare di 360 gradi, quindi puoi orientare il telaio del robot nella direzione desiderata con i movimenti delle due ruote posteriori. In questo progetto controlleremo il robot utilizzando un controller cablato. Il nostro obiettivo principale in questo progetto è quello di familiarizzare con i concetti di programmazione per il controllo di due motoriduttori con controllo di velocità integrato.

7.1 Componenti necessari

1 Arduino Uno

1 potenziometro (250 kOhm)

1 Controller motore ibrido L293 D

2 motoriduttore

Informazioni sul motoriduttore:

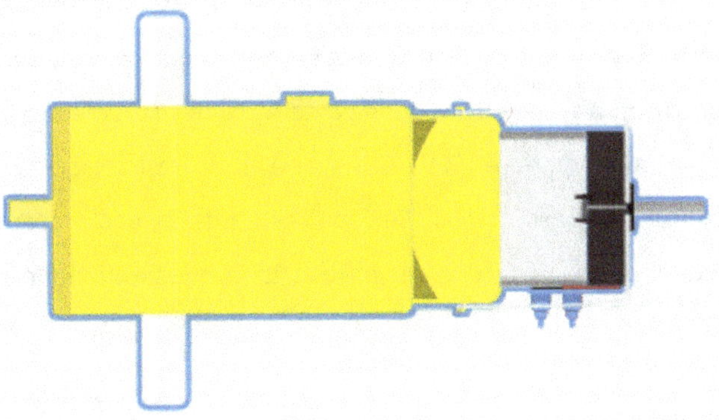

Come descritto nell'introduzione a questo progetto, utilizzeremo due motoriduttori per azionare le due ruote posteriori. Un motoriduttore è un componente speciale che consiste in un motore DC e in un riduttore integrato. Questo permette di generare una coppia maggiore rispetto a quella di un singolo motore CC. Il cambio riduce la velocità del motore, ma aumenta la coppia. È necessaria una coppia elevata affinché il robot pesante e grande possa muoversi contro l'attrito degli pneumatici. Il motore integrato in questo gruppo è un motore convenzionale a 5 V DC.

Informazioni sul controller per motori ibridi L293 D:

Questo progetto ha una struttura un po' più complessa rispetto ai due precedenti. Tra l'altro, questo si evince dal fatto che per questo progetto abbiamo bisogno di un controller di motore, più precisamente del controller di motore ibrido L293D. Abbiamo bisogno di questo circuito integrato "IC" (Integrated Circuit) perché può controllare la velocità del motore e la posizione di rotazione di due motori DC contemporaneamente. Questo circuito integrato è in grado di fornire segnali di controllo da 0 a 5 V, compatibili con microcontrollori o schede di sviluppo come Arduino UNO, mentre la tensione del bus DC per i motori è superiore a 5 V DC. Tuttavia, per il nostro progetto non abbiamo bisogno di conoscere questi dettagli. Se vuoi capire meglio, puoi trovare informazioni e schemi circuitali di questo circuito integrato nella scheda tecnica ufficiale al seguente link:

https://cdn-shop.adafruit.com/datasheets/l293d.pdf

Per il nostro progetto, abbiamo bisogno solo della seguente assegnazione dei pin del circuito integrato:

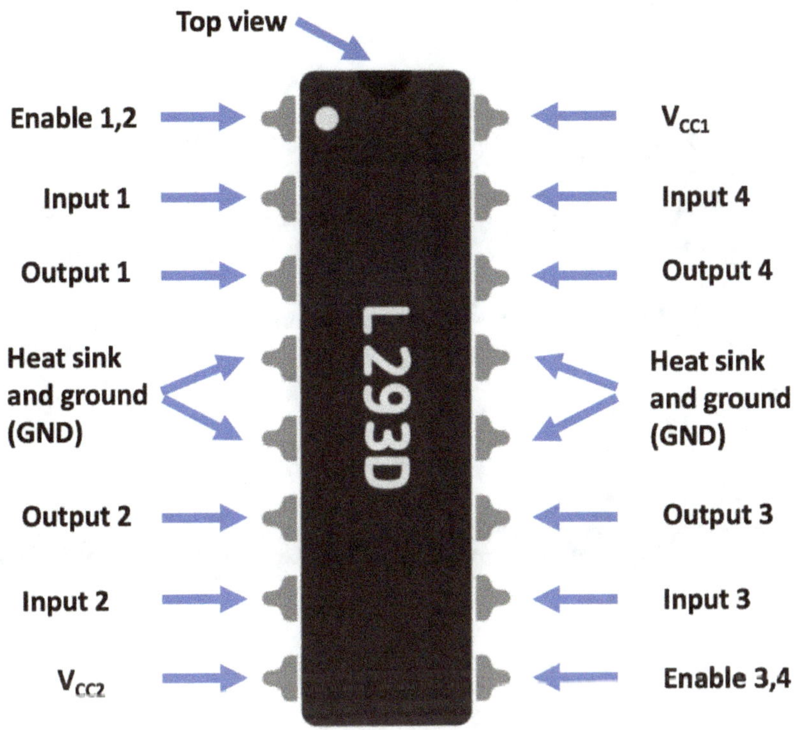

7.2 La bozza del circuito

Nella prima fase, disegneremo nuovamente lo schema del circuito del nostro progetto e poi collegheremo i componenti discussi in Tinkercad utilizzando dei fili. Per fare questo, per prima cosa guarderemo di nuovo lo schema del circuito in modo da capire la struttura del circuito.

Schema del circuito:

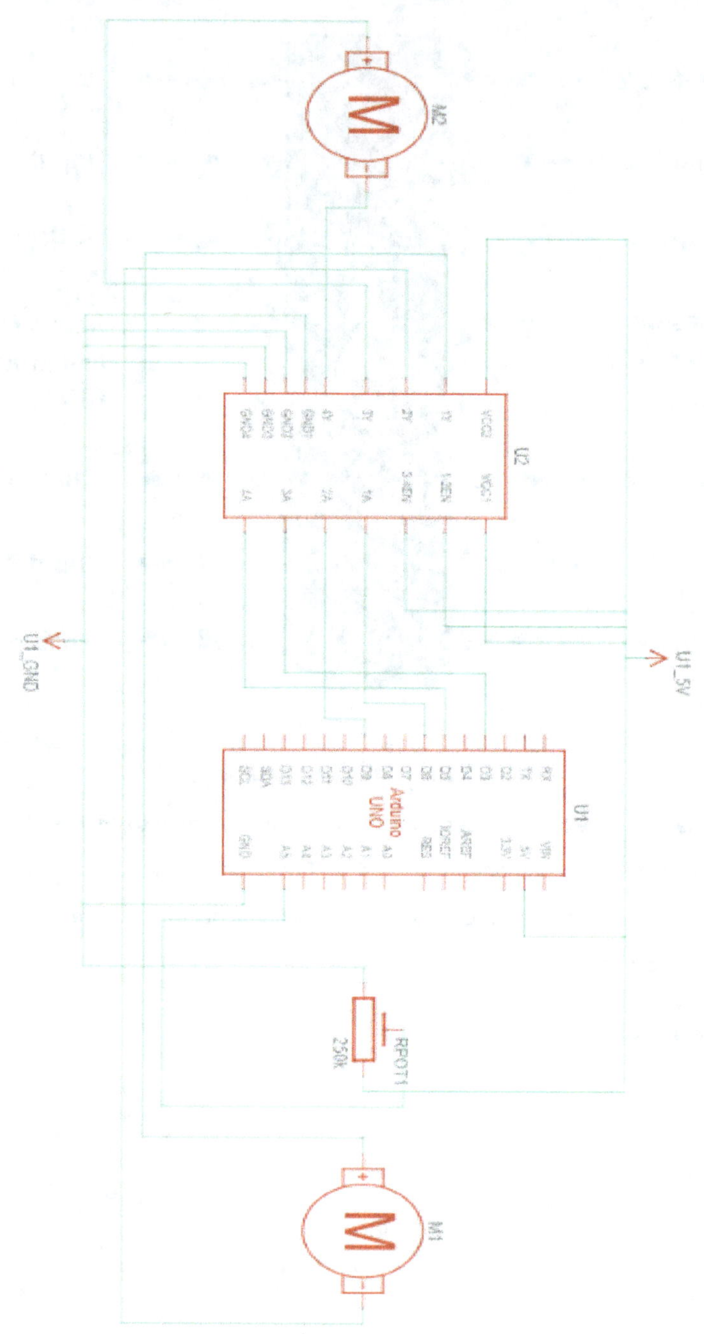

Se diamo un'occhiata allo schema del circuito, possiamo vedere che i quattro pin di uscita D3, D5, D6 e D9 di Arduino sono rispettivamente collegati ai quattro pin di riferimento della velocità 1A, 2A, 3A e 4A del circuito integrato di controllo del motore. In questo modo si stabilisce la connessione tra Arduino e il controller del motore. Inoltre, il potenziometro è collegato tra il polo + e - del sistema e il pin di ingresso analogico A5 di Arduino. Il cablaggio rimanente serve per l'alimentazione. Se al momento ti sembra un po' complicato, orientati verso il punto successivo, l'assemblaggio virtuale dei componenti in Tinkercad.

Come puoi vedere nella prossima immagine, utilizziamo anche una breadboard per sviluppare questo circuito.

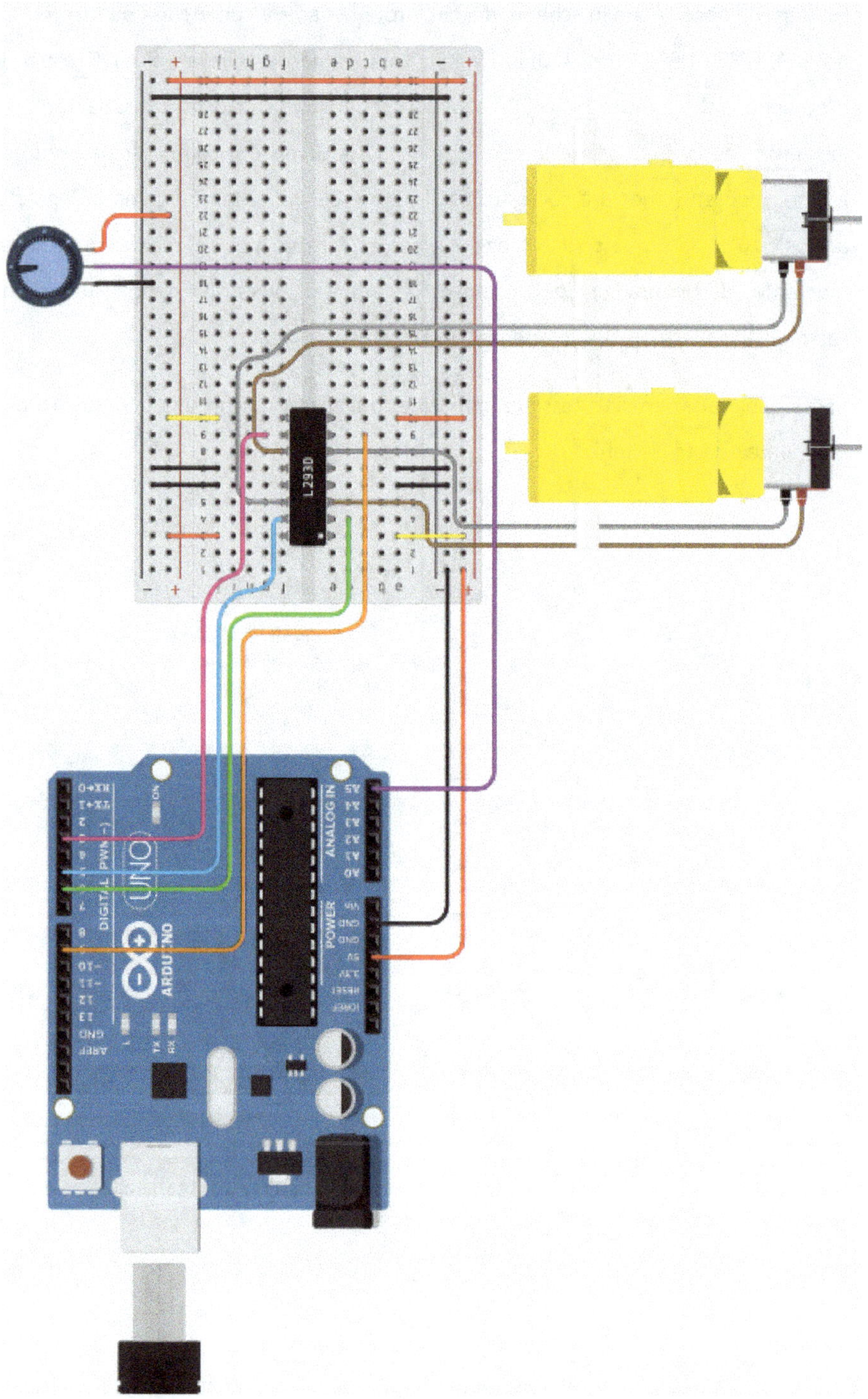

7.3 Sviluppo del codice del programma

Passo 1:

Puoi eseguire le prime tre fasi del progetto 1 esattamente nello stesso modo per questo progetto. Dovresti avere la seguente struttura di base.

Passo 2:

Nella seconda fase, dobbiamo creare una variabile che possa essere utilizzata per memorizzare il valore dell'ingresso analogico, che viene letto tramite il pin analogico A5 di Arduino. Secondo lo schema del circuito, è qui che arriva il segnale del potenziometro. Nel blocco "Variables" puoi creare tale variabile come di consueto con "Create variable ...". Utilizziamo, ad esempio, il nome "VR_Pos" scelto arbitrariamente.

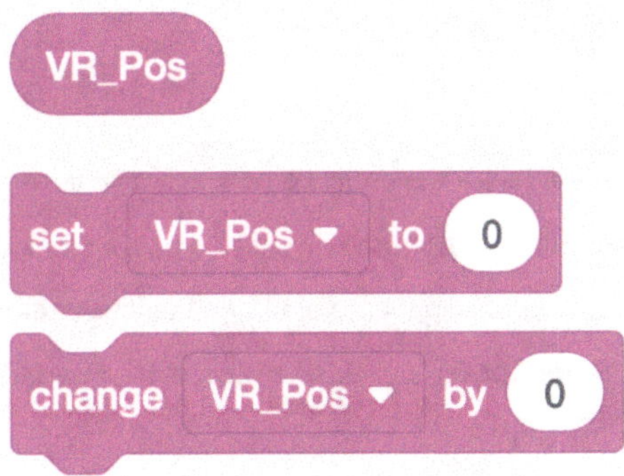

Come puoi vedere, hai a disposizione tre opzioni di blocco del programma. Un blocco per fare riferimento alla variabile all'interno di un altro blocco di codice, un blocco per impostare la variabile a un valore desiderato ("set ...") e un blocco per modificare la variabile di un valore desiderato ("change ...").

Passo 3:

Quindi, nella nostra programmazione a blocchi, è necessario implementare un blocco di comando che legga il valore dell'ingresso analogico dal pin A5 di Arduino e lo memorizzi nella variabile "VR_Pos". Inoltre, la lettura del pin analogico e l'assegnazione alla variabile devono essere continue. Pertanto, il blocco del programma deve essere implementato all'interno del blocco principale "forever" come segue:

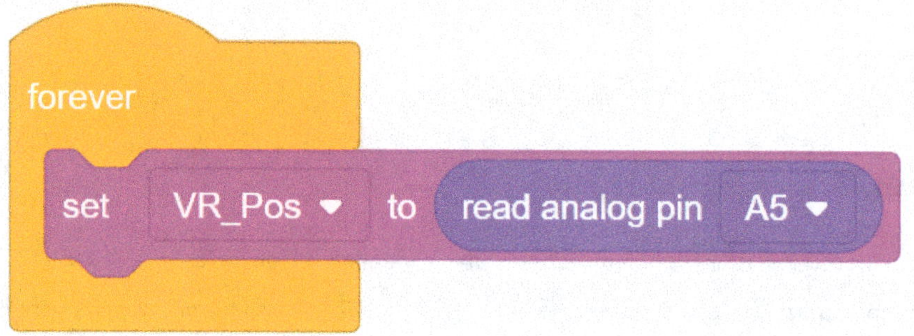

A questo punto si può aggiungere che i pin di ingresso analogico di Arduino UNO hanno una risoluzione di 10 bit, il che rende possibile la lettura di un valore di tensione analogica compreso tra 0 e 1023.

Passo 4:

Per quanto riguarda la leggibilità del codice e per facilitare la risoluzione dei problemi nel caso in cui qualcosa non funzionasse, in questo passaggio inseriamo un blocco di comando che visualizza il valore applicato al pin analogico A5 di Arduino (proveniente dal potenziometro) nel monitor seriale. Questo blocco di comandi deve essere aggiunto all'interno del blocco "forever".

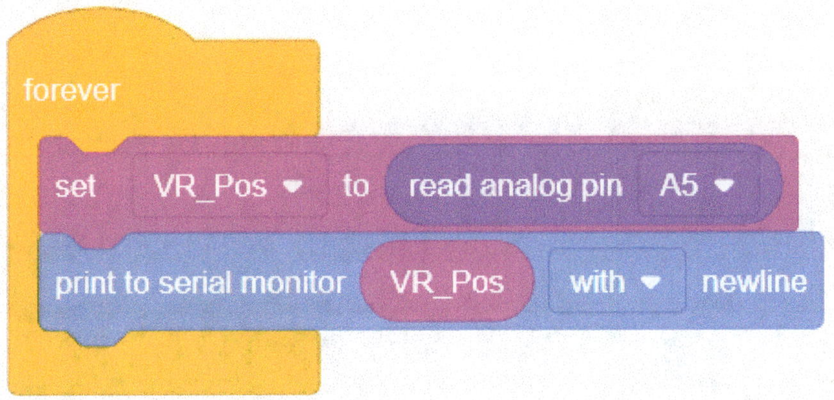

Passo 5:

La base per poter guidare il telaio del robot è che le due ruote posteriori devono girare a velocità diverse. Quindi il requisito fondamentale è che le velocità dei due motoriduttori siano inversamente proporzionali. A seconda della posizione del potenziometro - immaginalo come un volante che gira intorno a un asse - le ruote girano in direzioni opposte. Ad esempio, se la ruota sinistra gira in avanti e quella destra indietro, si sterza a destra. Tuttavia, se la ruota destra gira in avanti e quella sinistra all'indietro, si sterza a sinistra. Per ottenere questo meccanismo di guida, è necessario mappare nel codice del programma due uscite PWM di Arduino, entrambe con un riferimento alla posizione del potenziometro e opposte tra loro. Questo risultato si ottiene mappando il pin 3 con il blocco di codice "map..." e il valore letto dal pin A5 (potenziometro) da 0 a 255. D'altra parte, mappiamo il pin 6 con il blocco di codice "map..." e il valore letto dal pin A5 (potenziometro) in modo esattamente opposto, cioè da 255 a 0.

Perché 0 e perché 255? Poiché i pin di uscita PWM di Arduino UNO hanno una risoluzione di 8 bit, è possibile variare il valore decimale di un'uscita di tensione corrispondente in modo continuo tra 0 e 255, vale a dire che a 0 non c'è tensione e a 255 la massima tensione possibile.

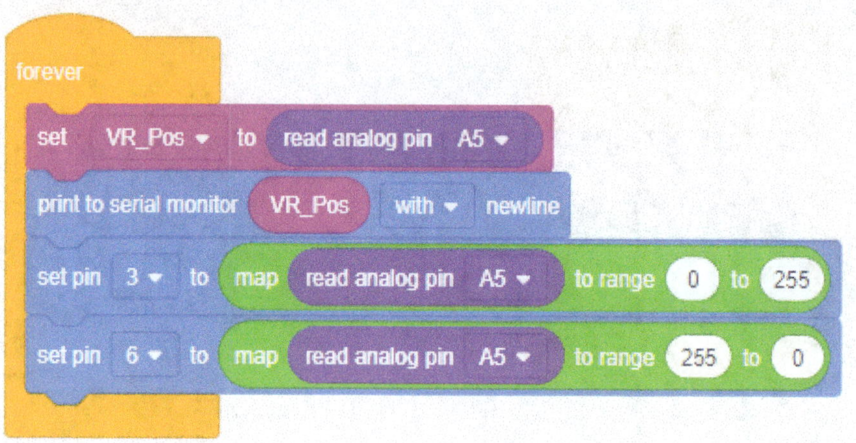

forever
set VR_Pos to read analog pin A5
print to serial monitor VR_Pos with newline
set pin 3 to map read analog pin A5 to range 0 to 255
set pin 6 to map read analog pin A5 to range 255 to 0

8 Progetto 4 | Termometro digitale

In questo progetto creeremo un termometro basato su Arduino con il quale potremo visualizzare la temperatura misurata su un display LCD. Per fare ciò, dobbiamo anche occuparci della conversione della lettura del sensore nell'unità °C.

8.1 Componenti necessari

1 Arduino Uno

1 sensore di temperatura TMP36

1 display LCD I2C 16x2

Informazioni sul sensore di temperatura TMP36:

Il TMP36 è un sensore di temperatura a bassa tensione. La particolarità di questo sensore di temperatura è la sua linearità nell'intero intervallo di misurazione della temperatura. Il sensore ha tre connessioni: "+VS", "GND" e "Vout". Il pin "Vout" di questo sensore fornisce una tensione di uscita linearmente proporzionale alla temperatura misurata in gradi Celsius. La tensione di funzionamento del sensore è di 5V DC, il che consente di utilizzarlo direttamente con Arduino UNO. Per ogni grado Celsius di variazione della temperatura, la tensione di uscita cambia di 10 millivolt. A 25 °C, la tensione di uscita è di 750 mV. La scheda tecnica completa può essere scaricata dal seguente link:

https://www.analog.com/media/en/technical-documentation/data-sheets/TMP35_36_37.pdf

Informazioni sul display LCD:

Il display a caratteri LCD basato su I2C selezionato può essere facilmente utilizzato con una scheda di sviluppo Arduino UNO. Rispetto ai tradizionali display a caratteri LCD che richiedono un gran numero di cavi tra il microcontrollore e il display LCD, questo modulo semplifica il lavoro dell'utente consentendo il collegamento con soli quattro cavi. Solo due di essi sono linee dati, mentre gli altri due pin "VCC" e "GND" servono per l'alimentazione. Tutte le connessioni possono essere alimentate direttamente da Arduino. Il protocollo di comunicazione utilizzato è I2C, quindi per la trasmissione dei dati sono necessari solo i pin "SDA" e "SCL". Assicurati di scegliere il display LCD giusto. Abbiamo quindi bisogno di "LCD 16x2 **(I2C)**", che puoi trovare nell'immagine in basso a sinistra. Probabilmente dovrai cambiare il menu a tendina nella parte superiore della finestra del componente da "Basic" a "All" per vedere le visualizzazioni.

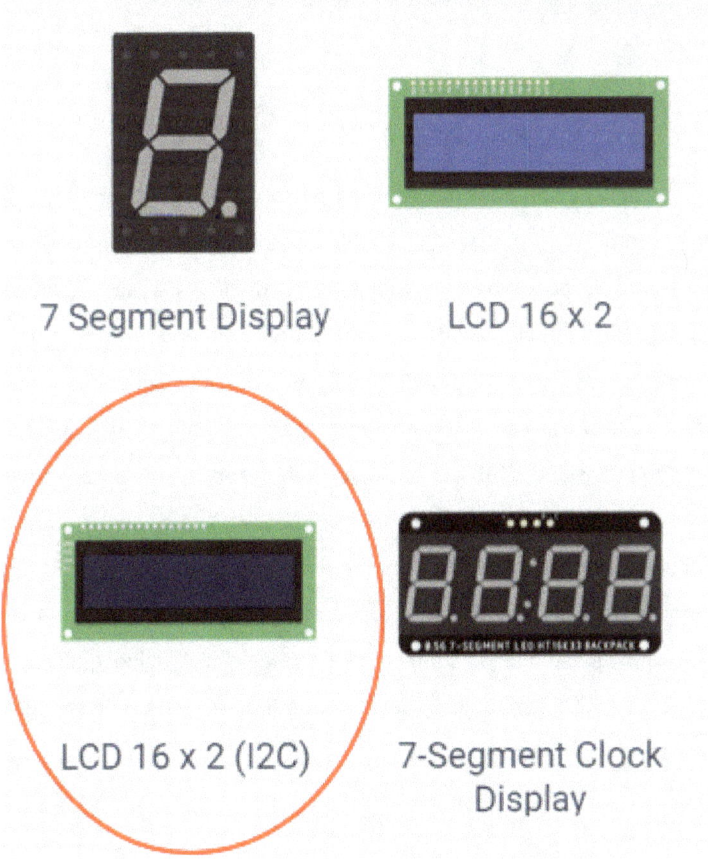

8.2 La bozza di schema elettrico

Schema del circuito:

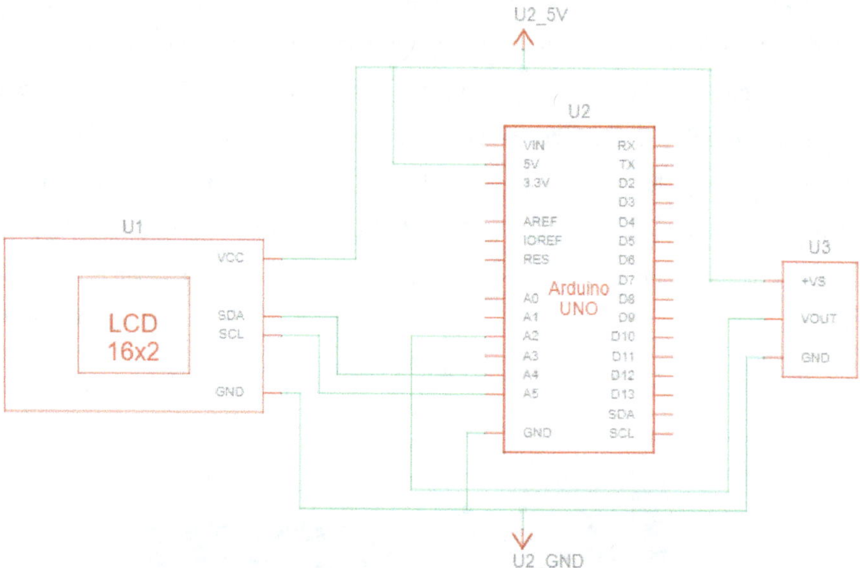

Nello schema del circuito, puoi vedere che il sensore TMP36, qui indicato come "U3",
ha tre pin, ovvero "+VS", "GND" e "VOUT". Di questi tre pin, "+VS" e "GND" sono i pin
di alimentazione che possono essere collegati ad Arduino e alla sua tensione di 5 V DC.
Il pin del segnale denominato "VOUT", che successivamente emette il valore della
temperatura (come valore di tensione), è collegato al pin analogico A2 di Arduino UNO.
È importante che si tratti di un pin analogico, perché il valore che il sensore TMP36
fornisce è una tensione continua analogica. A proposito, puoi convertire questa
tensione in un valore di temperatura in gradi Celsius. Ma di questo parleremo più
avanti. Inoltre, nel nostro schema di circuito dobbiamo ancora collegare il display LCD
ad Arduino. Per farlo, colleghiamo le connessioni I2C ai pin analogici A4 e A5 della
scheda Arduino. Questi due pin sono i pin I2C standard di Arduino. Colleghiamo il pin
A4 di Arduino a "SCL" (Serial Clock) del display e il pin A5 di Arduino a "SDA" (Serial
Data) del display.

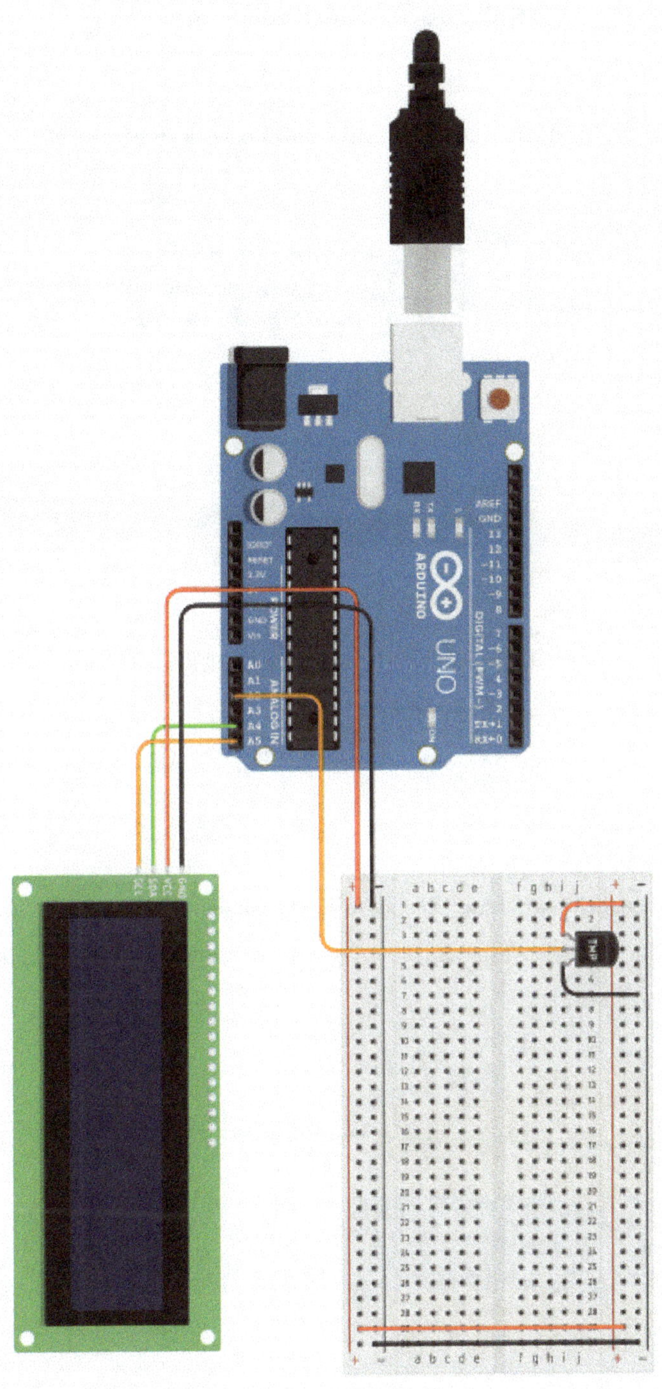

8.3 Sviluppo del codice del programma

Passo 1:

Per prima cosa creiamo nuovamente la struttura di base del programma.

Passo 2:

In questo passaggio, vogliamo accendere la retroilluminazione del display LCD nel blocco "on start". Puoi selezionare il blocco "on LCD" dalla categoria "Output" (blu) e includerlo come segue:

Devi selezionare il comando "turn on the backlight" nel menu a tendina. A parte questo, non è necessario dichiarare i valori delle variabili nel blocco "on start".

Passo 3:

Ora passiamo ai blocchi di comando per il blocco principale "forever".

Per prima cosa dobbiamo implementare un blocco di programma che legga la tensione analogica in ingresso al pin di ingresso analogico A2 di Arduino e la memorizzi in una variabile. Secondo lo schema del nostro circuito, il segnale del sensore di temperatura TMP36 arriva a questo pin A2.

Come ricorderai dai progetti precedenti, devi prima creare una variabile con il nome appropriato, ad esempio "Temp". Il sottoblocco viola per la lettura del pin di ingresso analogico "read analog pin" si trova nei blocchi "Input".

Passo 4:

In questo progetto, è necessario includere una serie di passaggi di calcolo nel blocco "forever". Questo perché il sensore di temperatura fornisce solo segnali di tensione proporzionali alla temperatura in gradi Celsius. Tuttavia, questi valori di tensione non sono esattamente significativi per l'utente. Pertanto, dobbiamo trasformare i segnali di tensione ricevuti in un'unità di misura significativa, in questo caso i gradi Celsius.

Per semplificare le fasi di calcolo necessarie, possiamo innanzitutto visualizzare i valori di ingresso analogici forniti dal sensore di temperatura tramite il monitor seriale. Per farlo, utilizziamo il blocco di programma "print to serial monitor ...", che integriamo temporaneamente nel nostro codice di programma.

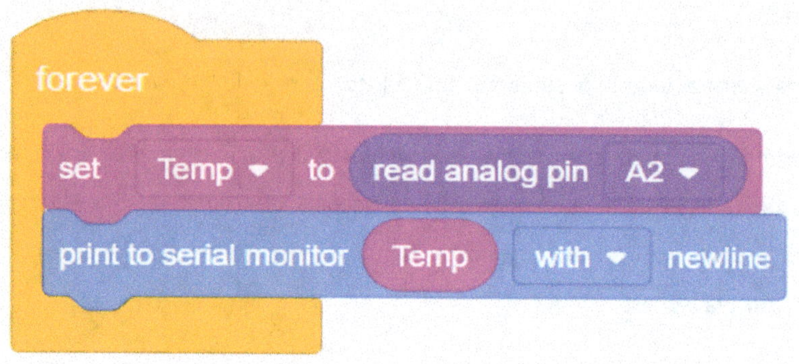

Nella tabella seguente troverai gli intervalli massimi del sensore di temperatura in °C e il corrispondente valore di tensione applicato al pin A2 di Arduino.

	TMP36 Valore della temperatura in °C	Quantificato Valore di tensione sul pin A2	Area
Limite inferiore	-40	20	165
Limite superiore	125	338	338

Potresti aver già convertito i valori della temperatura da gradi Celsius a gradi Fahrenheit. Il processo che stiamo eseguendo è simile a questo. Abbiamo bisogno della lettura analogica che possiamo leggere nel monitor seriale quando il sensore di temperatura TMP36 è a 0 °C. Puoi facilmente impostare la temperatura con il cursore quando fai clic sul sensore. Puoi impostare facilmente la temperatura con il cursore quando fai clic sul sensore.

A 0 gradi Celsius, il valore della tensione analogica quantizzata è uguale al valore 104. Su questa base, possiamo eseguire il calcolo richiesto come segue.

Temp_C = (Temp - 104) * 165/338

"Temp" è la variabile intera che abbiamo già definito e "Temp_C" rappresenta la nuova variabile che contiene la temperatura in °C. Possiamo quindi eliminare il blocco di programma "print to serial monitor ..." per il momento.

Passo 5:

Tuttavia, non creeremo una nuova variabile per "Temp_C", ma semplicemente sovrascriveremo la variabile "Temp". Per farlo, puoi implementare il calcolo precedentemente sviluppato all'interno del blocco di programma "forever" come segue:

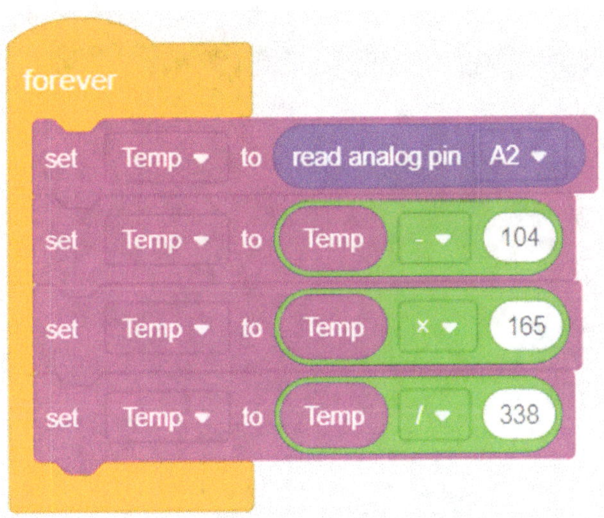

Ora la variabile "Temp" viene modificata continuamente durante l'intero processo di misurazione nel blocco di programma.

Passo 6:

Nella fase successiva, vogliamo visualizzare la temperatura sul display LCD. Per farlo, dobbiamo prima resettare la visualizzazione dello schermo ("on LCD ... clear the screen"). Poi possiamo usare "set position on LCD ... to ..." per determinare dove deve essere visualizzato il valore della temperatura (ad esempio riga 1 e riga 1; il display LCD

16x2 ha 2 righe e 16 righe). Nel penultimo passaggio, utilizziamo "print to LCD ..." per visualizzare la variabile "Temp", che contiene il valore della temperatura in °C. Nell'ultimo passaggio, aggiungiamo di nuovo il blocco che invia il valore della variabile al monitor seriale (opzionale). Troverai tutti i blocchi di programma necessari a questo scopo nella categoria "Output" (blu). Il blocco del programma dovrebbe avere il seguente aspetto:

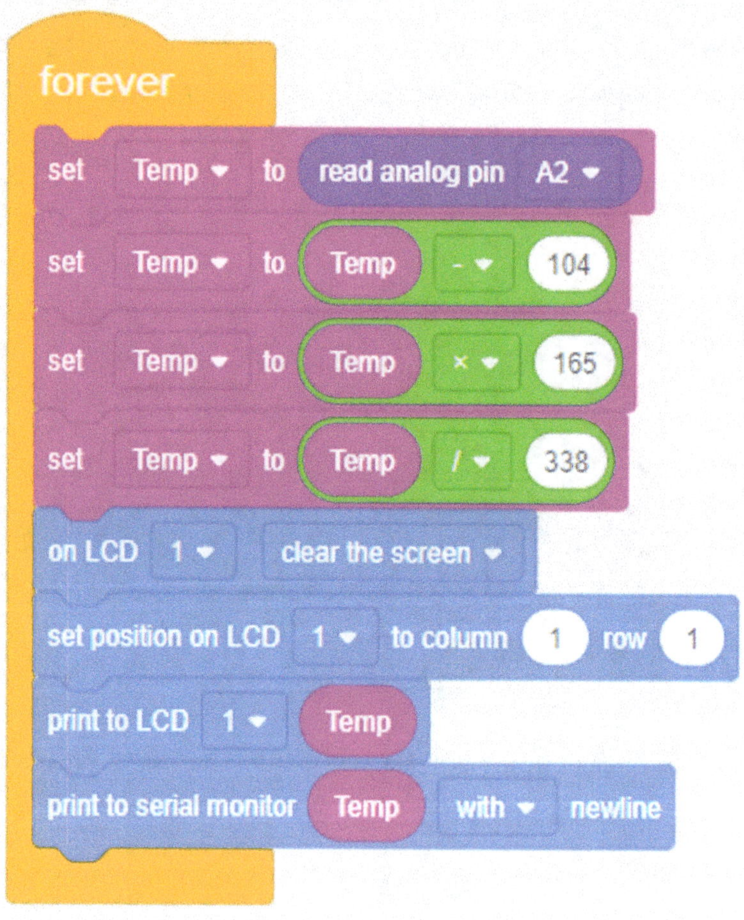

Ora possiamo avviare la simulazione. Durante la simulazione, vedrai che il display LCD cancella sempre il valore della temperatura e poi aggiorna il display con il nuovo valore della temperatura. Questo è piuttosto spiacevole ed è dovuto al fatto che il comando "on LCD ... clear the screen" viene eseguito a ogni ciclo (blocco "forever"). Per evitare questa interferenza, modifichiamo il codice del programma in modo che il display LCD venga aggiornato solo quando il valore della temperatura attuale differisce da quello del ciclo di programma precedente.

Per farlo, creiamo una nuova variabile chiamata "Temp_old" in cui memorizzare il valore della temperatura del ciclo di programma precedente. Quindi eseguiamo un confronto in una condizione "if" (se...allora...) per verificare se il nuovo valore della temperatura differisce dal vecchio valore. Puoi trovare il blocco di programma per la condizione if nella categoria "Control". Se hai modificato tutto come indicato, d'ora in poi il display LCD verrà cancellato solo se il nuovo valore della temperatura differisce da quello precedente. In questo modo, il display LCD non si aggiornerà ogni volta che il programma viene eseguito.

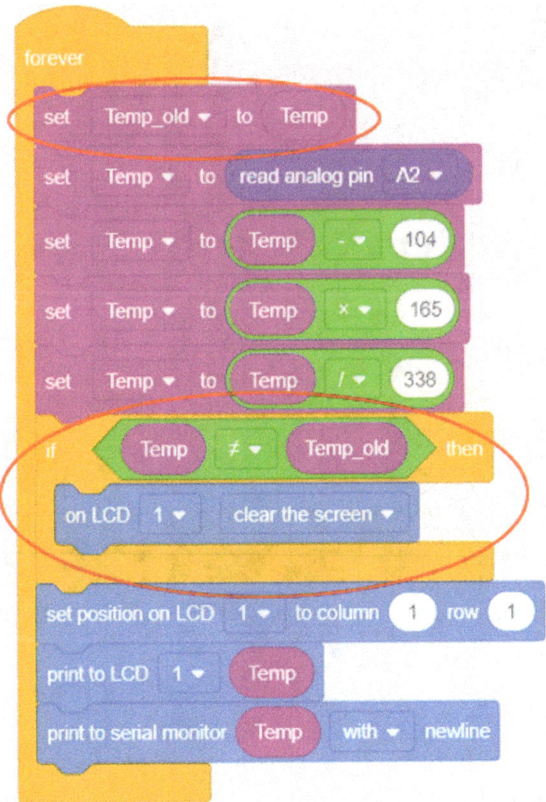

Il codice completo del programma è quindi il seguente:

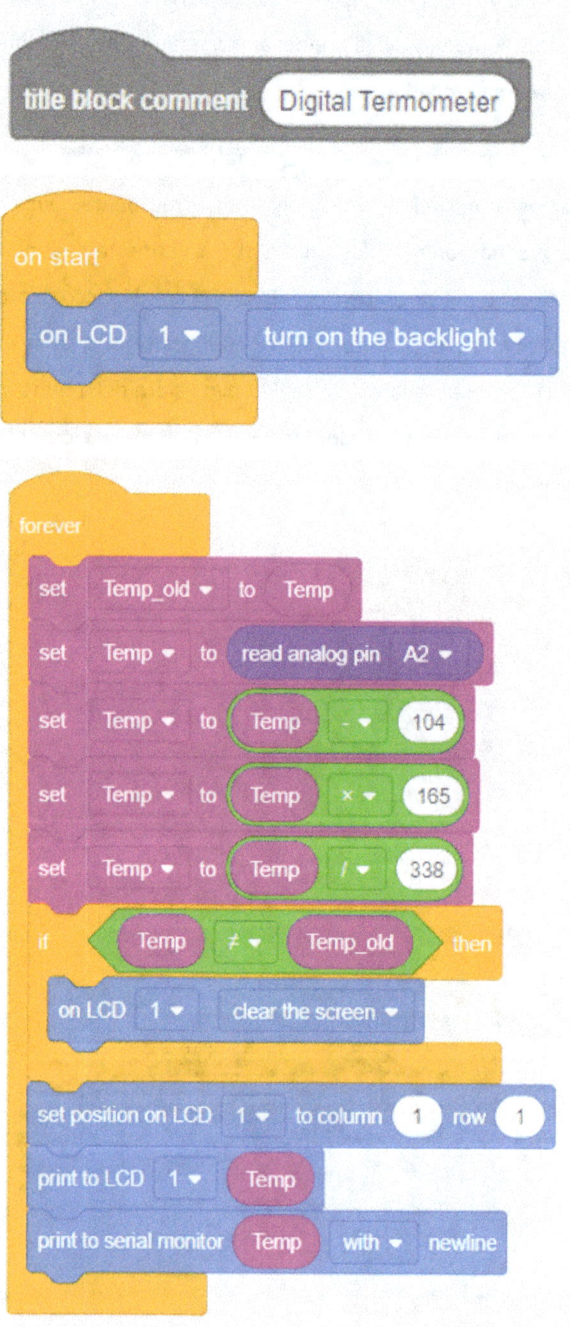

9 Progetto 5 |Ultrasuoni- Dispositivo di misurazione della distanza

In questo progetto creeremo un dispositivo di misurazione della distanza basato su Arduino utilizzando un sensore a ultrasuoni e un display a LED. Sembra complicato, vero? Non preoccuparti, sembra più complicato di quanto non sia. Sarà semplice, soprattutto se lo affronteremo insieme. Andiamo!

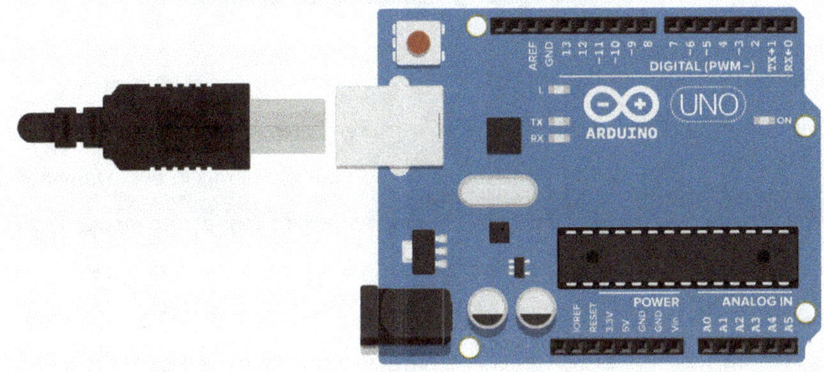

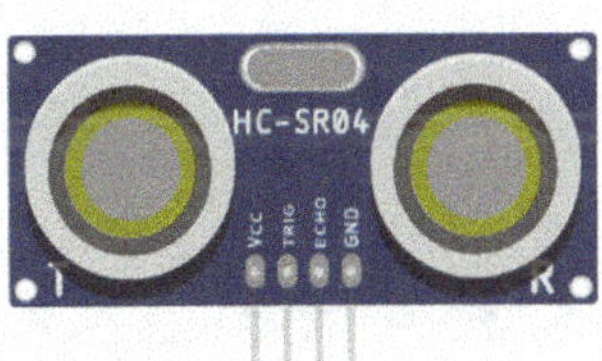

9.1 Componenti necessari

1 Arduino Uno

1 sensore a ultrasuoni "Parallax PING 28015"

1 "HT16K33 backpack" display LED a 7 segmenti basato su I2C

Informazioni sul sensore a ultrasuoni "Parallax PING 28015":

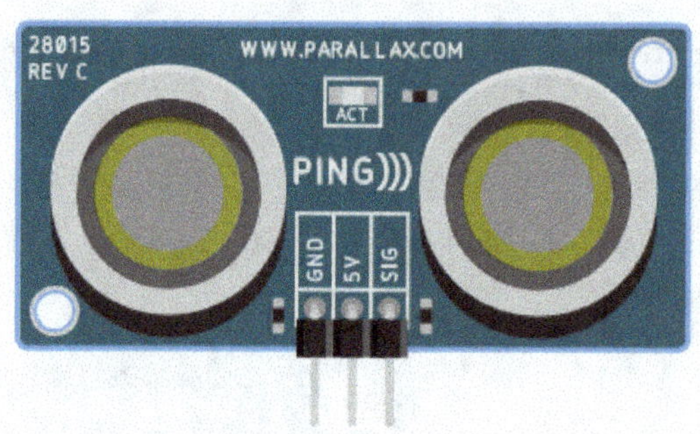

Il sensore "PING 28015" di "Parallax" è un sensore di prossimità a basso costo basato sugli ultrasuoni. Secondo la scheda tecnica del produttore, il raggio di rilevamento di questo sensore è compreso tra 2 cm e 3 m, che può essere considerato un buon raggio d'azione ed è sufficiente per il nostro progetto. Una caratteristica particolare di questo sensore è che può comunicare con un microcontrollore, come Arduino, utilizzando un solo pin ("SIG"). Da un lato questo rende il collegamento molto semplice, dall'altro aiuta nei progetti complessi a utilizzare il numero limitato di pin di ingresso e uscita con molti altri componenti. Il sensore dispone di due connessioni aggiuntive "GND" e "5V" che, come avrai già capito, sono necessarie per l'alimentazione. La scheda tecnica completa può essere scaricata qui: https://www.mouser.com/datasheet/2/321/28015-PING-Sensor-Product-Guide-v2.0-461050.pdf

Informazioni sul display LED a 7 segmenti basato su I2C "HT16K33 backpack":

Il display "HT16K33 backpack" è un display LED a sette segmenti basato su I2C. Abbiamo già visto cosa significa I2C nell'ultimo progetto (Progetto 4 | Termometro digitale). Anche in questo modulo le connessioni sono relativamente poche. Solo due dei quattro collegamenti disponibili servono per la trasmissione dei dati, mentre gli altri due pin (+ e -) servono per l'alimentazione. Un'altra caratteristica speciale di questo display LED è la possibilità di regolare la luminosità del display in 16 passi, da bassa ad alta.

9.2 La bozza di schema elettrico

Schema del circuito:

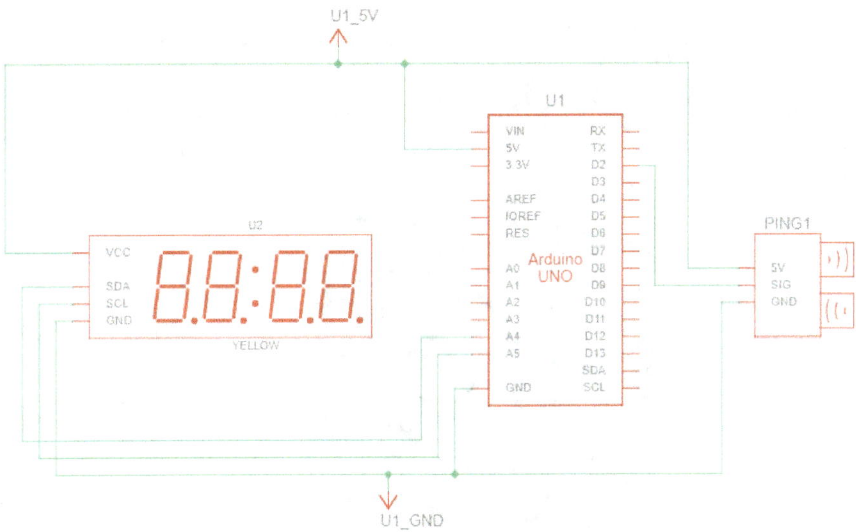

Nel diagramma schematico puoi vedere che i pin "5V" e "GND" del sensore di prossimità a ultrasuoni "PING1" devono essere collegati all'alimentazione a 5V di Arduino UNO. Il pin del segnale denominato "SIG" viene collegato al pin digitale D2 di Arduino UNO. Questo perché il sensore di prossimità a ultrasuoni ci fornisce un impulso digitale sotto forma di corrente continua. Dobbiamo anche collegare il display LED ad Arduino UNO. A tal fine, i pin dati "SDA" o "SLC" sono collegati ai pin analogici A4 o A5 della scheda Arduino.

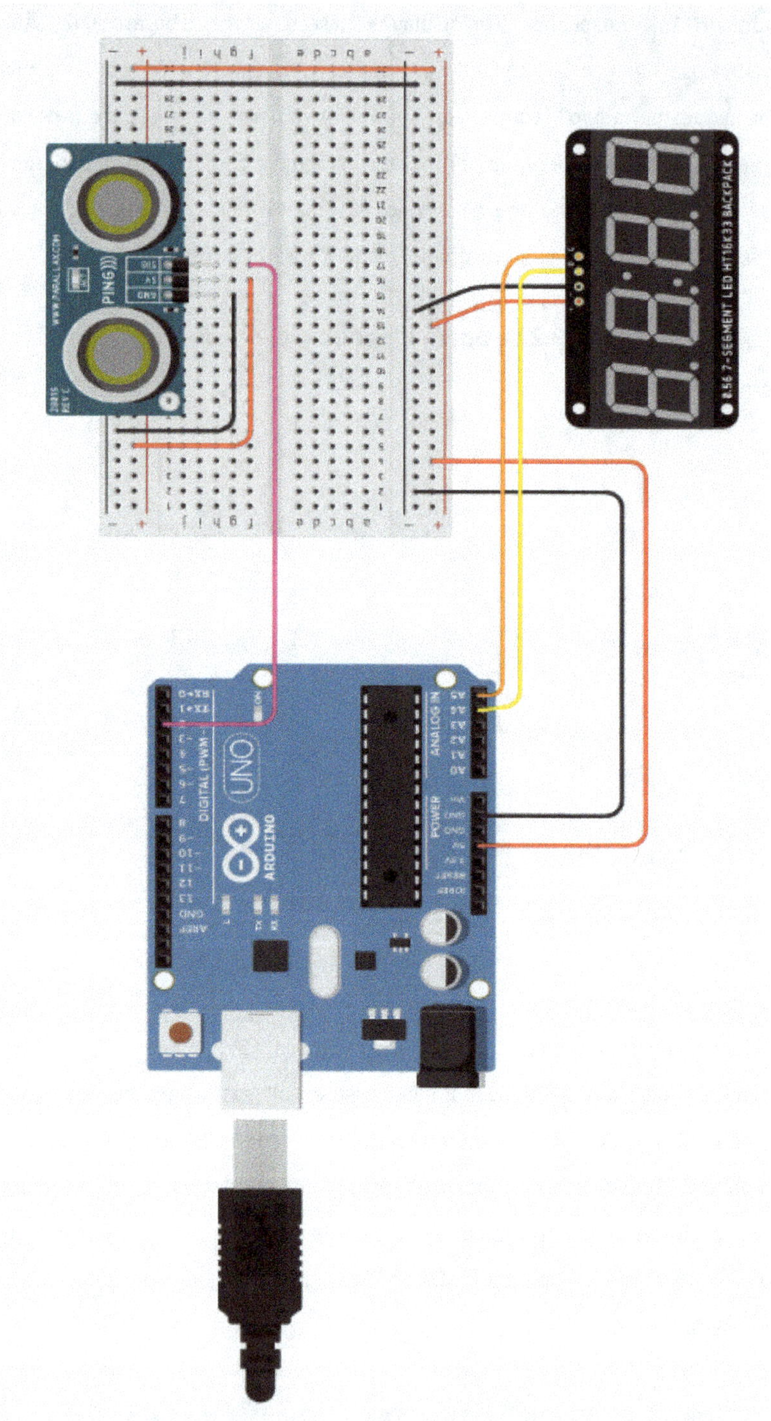

9.3 Sviluppo del codice del programma

Passo 1:

In questo progetto, ancora una volta creiamo la struttura di base del nostro programma e creiamo una descrizione appropriata per il progetto come commento.

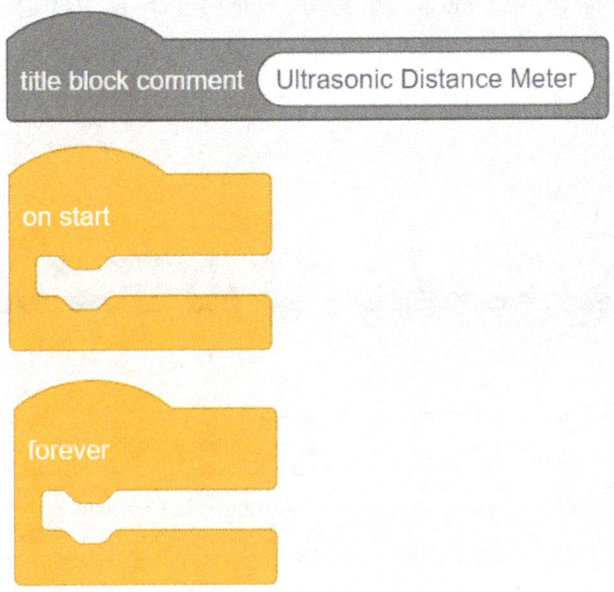

Passo 2:

Per questo progetto, abbiamo bisogno di una variabile "Dist" che memorizzi la distanza tra il sensore e un ostacolo. Questa variabile può essere utilizzata se la distanza deve essere visualizzata sul display LED o anche emessa nel monitor seriale, ad esempio per la risoluzione dei problemi.

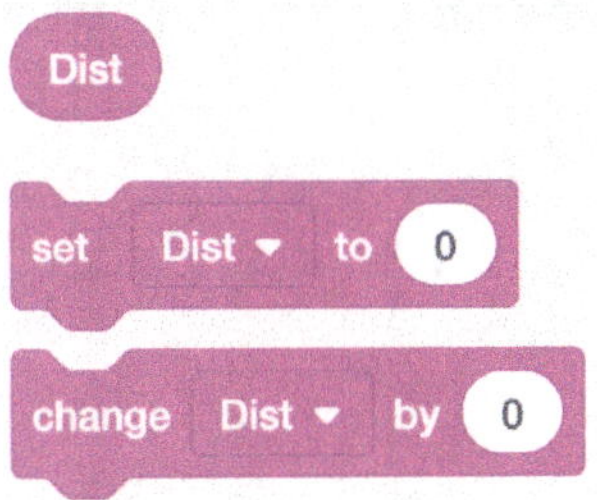

Passo 3:

Nella fase successiva, implementeremo i blocchi di programma necessari all'interno del blocco principale "on start". A proposito, non importa se dichiari prima le variabili o se realizzi prima il blocco "on start".

L'unico requisito che abbiamo qui è quello di configurare il display LED a sette segmenti con l'indirizzo I2C corrispondente. Puoi farlo in modo abbastanza semplice con il blocco di programma "configure LED display ...". (categoria: "Output") come mostrato.

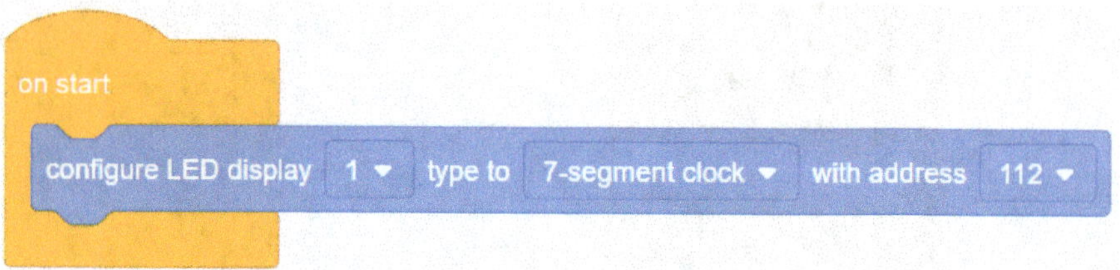

Con questo blocco di programma puoi impostare il numero del display, il tipo di display e l'indirizzo I2C. Potresti chiederti quale dovrebbe essere il numero del display. Il numero del display è importante se utilizziamo più di un display LED, in modo che il programma sappia quale display vogliamo controllare. Devi anche far coincidere l'indirizzo I2C del display LED (clicca sul display LED) con il valore del blocco "configure LED display...".

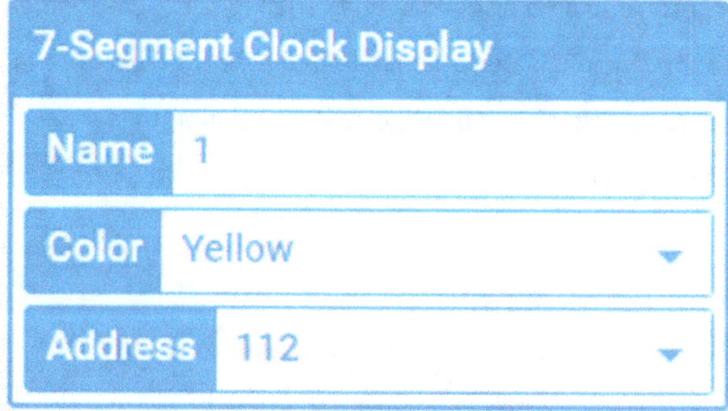

Come puoi vedere, l'indirizzo I2C deve essere 112 sia nella schermata delle impostazioni del display LED che nel blocco di programma "configure LED display ...".

Passo 4:

Nel passo 4 possiamo già occuparci dei blocchi di programma necessari per il blocco principale "forever". Qui vogliamo leggere la distanza indicata dal sensore a ultrasuoni direttamente nella variabile "Dist" dichiarata in precedenza. Per farlo, utilizziamo un blocco di programma speciale ("read ultrasonic distance sensor on trigger pin ..."; categoria: "Input"), fornito dalla piattaforma Tinkercad proprio per questo scopo.

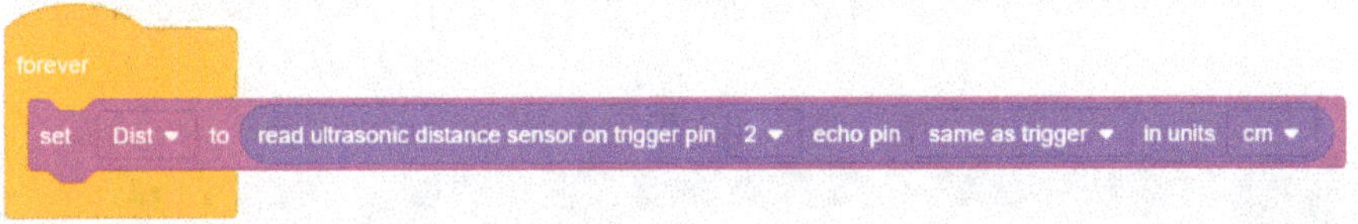

Come puoi vedere, il blocco di programma "set ...", disponibile nella categoria "Variables" dopo la dichiarazione effettuata al punto 2, è stato combinato con il blocco di funzione speciale "read ultrasonic distance sensor ...". Come suggerisce il nome di questo blocco funzionale, il blocco stesso esegue tutti i calcoli necessari per misurare la distanza tra il sensore e l'ostacolo.

Il principio di base del sensore a ultrasuoni consiste nell'emettere un impulso sonoro in direzione dell'ostacolo desiderato e attendere che il suono rimbalzi sull'oggetto e torni al sensore. Il sensore invia quindi un impulso di segnale TTL al microcontrollore quando riceve il segnale di ritorno. Normalmente, il tempo trascorso tra la trasmissione e la ricezione del segnale a ultrasuoni viene utilizzato per calcolare la distanza tra il sensore e l'ostacolo. Con l'aiuto del blocco funzione predefinito, questo viene già fatto automaticamente in Tinkercad.

Passo 5:

Nell'ultimo passaggio, possiamo ancora inserire due blocchi di programma necessari per visualizzare il valore misurato sul display LED a sette segmenti e sul monitor seriale. Inseriamo anche questi all'interno del blocco principale "forever".

```
forever
  set Dist ▾ to  read ultrasonic distance sensor on trigger pin  2 ▾  echo pin  same as trigger ▾  in units  cm ▾
  print to serial monitor  Dist  with ▾  newline
  print to LED display  1 ▾  Dist
```

Nota: durante la simulazione, noterai che il valore visualizzato sul sensore di distanza a ultrasuoni è preciso con una cifra decimale, mentre il valore visualizzato sia sul monitor seriale che sul display LED a sette segmenti è un valore intero. Questo perché stiamo leggendo la distanza nella variabile intera "Dist". Gli interi non hanno cifre decimali.

Il codice completo del programma dovrebbe essere così:

```
title block comment  Ultrasonic Distance Meter

on start
  configure LED display  1 ▾  type to  7-segment clock ▾  with address  112 ▾

forever
  set Dist ▾ to  read ultrasonic distance sensor on trigger pin  2 ▾  echo pin  same as trigger ▾  in units  cm ▾
  print to serial monitor  Dist  with ▾  newline
  print to LED display  1 ▾  Dist
```

Parole di chiusura

Eccellente!

Ce l'hai fatta, hai lavorato ai progetti. È un ottimo risultato!

In questo libro ho cercato di insegnarti come creare schemi di circuiti elettronici e come programmare un Arduino utilizzando il software Tinkercad e di risvegliare o rafforzare il tuo entusiasmo per l'elettronica e la programmazione attraverso progetti pratici di bricolage. Spero di esserci riuscito in qualche modo e che questo libro ti sia stato utile. Dovrebbe essere un libro che crea una comprensione delle conoscenze teoriche di base e dell'applicazione pratica.

Insieme abbiamo raggiunto molti risultati in questo corso! Puoi essere giustamente orgoglioso di te stesso se sei arrivato fino a questo punto.

Se ti è piaciuto questo libro, mi farebbe molto piacere se mi lasciassi un voto e un breve commento, oltre a raccomandare il libro ad altri!

Assicurati di dare un'occhiata alle pagine seguenti. Qui troverai libri su argomenti simili e anche un libro su Arduino, ingegneria elettrica e Tinkercad. Questi libri sono ideali per un'introduzione ancora più dettagliata ai rispettivi argomenti. Acquista subito le tue copie!

Grazie mille!

Libri su argomenti che potrebbero piacerti anche

Tutti i libri sono disponibili online sulle solite piattaforme di vendita. È meglio cercare semplicemente il titolo o sentirsi liberi di visitare la mia pagina dell'autore. Alcuni dei libri potrebbero non essere ancora stati pubblicati e appariranno o si troveranno presto. Dai un'occhiata ai libri di tua scelta e portali a casa come e-book o paperback!

Stampa 3D:

CAD, FEM, CAM:

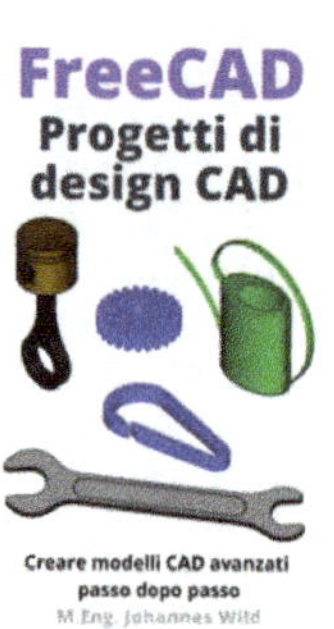

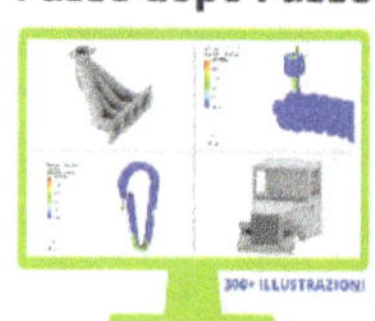

Elettrotecnica:

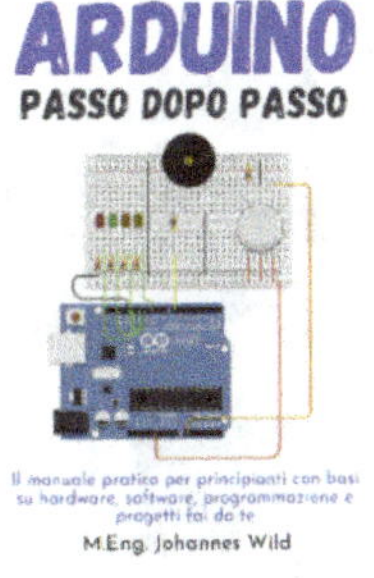

Programmazione e altri software:

Ci sono anche video corsi identici per alcuni di questi libri:

Fusion 360 Passo dopo Passo | CAD,FEM e CAM per principianti
La guida pratica per AUTODESK FUSION 360! Impara la progettazione, la simulazione, la produzione e altro da un ingegnere
M.Eng. Johannes Wild
4.6 ★★★★⯪ (31)
3.5 total hours • 24 lectures • Beginner
Bestseller

Stampa 3D | Una guida passo dopo passo
La guida pratica per principianti e utenti! Un corso per tutti, creato da un ingegnere!
M.Eng. Johannes Wild
4.0 ★★★★☆ (28)
1.5 total hours • 20 lectures • All Levels

Progettazione CAD per principianti | Impara da un ingegnere
La guida practica alla creazione di oggetti e modelli 3D con software di progettazione CAD gratuito per stampa 3D, ecc.
M.Eng. Johannes Wild
4.2 ★★★★☆ (6)
1.5 total hours • 15 lectures • All Levels

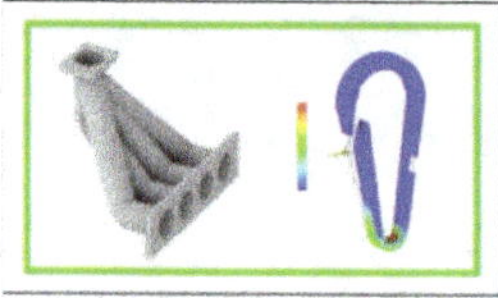

INVENTOR Passo dopo Passo | CAD & FEM per principianti
La guida pratica per AUTODESK INVENTOR! Impara la progettazione CAD, la simulazione FEM e altro da un ingegnere
M.Eng. Johannes Wild
4.2 ★★★★☆ (7)
3.5 total hours • 20 lectures • Beginner

...

Per l'acquisto puoi scegliere tra la piattaforma di apprendimento "Udemy":

Cerca il mio nome su www.udemy.com:

M.Eng. Johannes Wild o usa il seguente link:

www.udemy.com/courses/search/?src=ukw&q=m.eng.+johannes+wild

Iscriviti oggi e approfondisci le tue conoscenze!

Impronta dell'autore/editore

© 2023

Johannes Wild
c/o RA Matutis
Berliner Straße 57
14467 Potsdam
Germany

E-mail: 3dtech@gmx.de

Questo lavoro è protetto da copyright

www.ingramcontent.com/pod-product-compliance
Lightning Source LLC
LaVergne TN
LVHW021323200726
843509LV00002B/96